U0262717

建筑大家谈

张开济 著

杨永生 主编

建筑一家言

中国建筑工业出版社
中国城市出版社

张开济

　　张开济（1912—2006年），我国著名建筑师。1912年出生于上海（原籍浙江杭州），1935年毕业于南京中央大学建筑系。曾任北京市建筑设计研究院总建筑师。

　　中华人民共和国成立前，参与上海中国银行大厦、南京国民党史陈列馆等设计，其后又曾主持上海"蒲园"高级住宅群、南京中国农民银行职工住宅群、公路总局职工住宅群、中央合作金库办公楼等设计。

　　中华人民共和国成立以后，主持设计北京中央民族学院、北京三里河"四部一会"办公楼群、北京三里河和百万庄住宅区、钓鱼台国宾馆、北京天文馆、中国革命博物馆和中国历史博物馆、济南南郊宾馆等工程。

出版前言

近现代以来，梁思成、杨廷宝、童寯等一代代建筑师筚路蓝缕，用他们的智慧和实践，亲历并促进了我国建筑设计事业的启动、发展、转型和创新，对中国建筑设计和理论的发展作出了杰出贡献。

改革开放以后，西方建筑理论思潮纷纷引入我国，建筑理论、建筑文化空前发展，建筑设计界呈现"百花齐放"的盛景，孕育了一批著名建筑师和建筑理论家。

为纪念这些著名建筑师和建筑理论家，记录不同历史时代建筑设计的思潮，我社将20世纪90年代杨永生主编的"建筑文库"丛书进行重新校勘和设计，并命名为"建筑大家谈"丛书。丛书首批选择了梁思成、杨廷宝、童寯、张开济、张镈、罗小未等建筑大家的经典著作：《拙匠随笔》《杨廷宝谈建筑》《最后的论述》《现代建筑奠基人》《建筑师的修养》《建筑一家言》。所选图书篇幅短小精悍、内容深入浅出，兼具思想性、学术性和普及性。

本丛书旨在记录这些建筑大家所经历的时代，让新一代建筑师了解这些建筑大家的学识与风采，以及他们在面对中国建筑新的发展道路时的探索与思考，进而为当代中国建筑设计发展转型提供启发与指引。

中国建筑工业出版社

中国城市出版社

2024年4月

编者的话

　　出于一个建筑师的责任感，张总从来特别关心建筑界的一些方向性和方针性的问题。长期以来，他"虚其心受天下善，潜其心观天下理"，逐渐形成了他自己一套见解和主张。因此，虽然他的专长和爱好是设计、绘图和摄影，可是近十余年来，为了宣传他的主张，他在写作方面花了不少精力。特别在要求控制高层住宅问题方面，他不辞辛苦，不怕孤立，坚持奋斗了十几年之久。这些都充分体现了一个中国知识分子热爱祖国和敢于坚持真理的可贵品质！

　　张总的文章散见于国内各报纸杂志上，由于其内容能切中时弊，且颇具真知灼见，文字亦流畅活泼，隽永可诵，颇受建筑界内外人士的欢迎。现在，为了便于读者比较系统地理解张总的学术思想，特烦张总选择了其中有代表性的27篇文章，加以分类，编成此集。希望它能对城乡建设工作者和决策者有所启迪，从而把我们的城市和村镇建设得更加美好，更有中国的特色。

杨永生

1991年10月

目录

城市建设的决策急需民主化和科学化

城市建设的一个首要环节就是城市总体规划。这些年来，我国的城市总体规划已经获得了应有的重视，并取得了一定的成绩，这是非常可喜的。不过，在城市总体规划工作中也存在着许多问题，其中一个最大和最不好解决的问题就是一些大城市，尤其是北京、上海等特大城市的人口过多，因而造成了住房紧张，交通拥挤，环境恶化，建筑密度太高，城市基建设施跟不上，城市规模太大等一系列的问题。可是，人口过多并不是一个意料不到的突然发生的事件。早在1955年，经济学专家马寅初就提出了我国应该控制人口的问题，并且明确地指出，这个问题对国家和民族具有极端重要性。令人痛心的是，由于当时的一些决策缺乏民主化和科学化，马老的忠言不但没有被采纳，反而还受到了不应有的批判。否则，我国城市建设的困难就不会像今天这样严重，而且广大人民生活水平肯定也会比现在提高得更快！由此可见，在一切失误中，决策的失误的确是最大的失误。

一个城市的面貌既关系到物质文明的建设，又关系到精神文明的建设。一些历史文化名城更集中反映了我国古代高度发展的物质文明和精神文明。因此，如何使每一城市，尤其是一些历史文化名城尽可能保持原有的风貌和特色，应该是我们城市建设中的一个重要课题。1986年4月，北京市提出了"维护故都风貌"的口号。这个口号反映了绝大多数人的愿望，受到普遍的欢迎。不过也有人认为这一号召要是早一些提出来就更好了。其实，呼吁要保护北京的故都风貌并非从此时开始。长期以来，就有不少中外人士提出过同样的要求。其中最早的是建筑界的前辈、已故梁思成先生在新中国成立并定

都北京之时，他就提出了《关于中央人民政府行政
中心区位置的建议》。在建议中梁先生主张要保护和
改善北京旧城，而在西郊另建新区以作行政中心，
并说这是一个"新旧两全的方案"。梁先生和他的
夫人林徽因还一再呼吁要保留北京的城墙和城楼，
并利用它们作为一个环城的"城上公园"。前一个
建议很值得考虑，因为这样做的确可以完全避免保
护旧城风貌和进行现代化建设之间的矛盾，做到两
全其美。后一个意见更是完全正确，因为这些城墙
和城楼建筑都是北京旧城的最重要的标志。令人遗
憾的是这些建议都没有被采纳。北京的城墙，新中
国成立后陆续全部被拆毁了，原有的九个城楼如今
只剩正阳门及其箭楼和德胜门箭楼了。而后者若不
是一些专家学者的抗议，差一点也被拆毁了。当时
拆毁这些城墙和城楼的一个主要原因是决策者没有
把它们看作是中华民族的文化遗产而加以珍惜和爱
护，相反却把它们看作了"封建王朝"的象征，结
果使这些非常珍贵的文化遗产不毁于天灾和战祸，

而毁于决策的失误，从而造成了永远无法弥补的
损失。

此外，梁先生还主张建筑创作应注意民族形式
问题，这个主张也是正确的。今天国外建筑师们
也都在探索自己国家的民族特色。不过，梁先生过
分强调了大屋顶在民族形式中的作用，因而在实践
中，往往认为所有新建筑必须加上大屋顶才算有了
民族形式，这就不免有些片面了。这样做就可能把
我们的建筑创作引导到复古主义的道路上去，而正
确的创作方向则应该是在继承优秀传统的基础上有
所创新，有所前进。但是，这个问题完全可以通过
学术讨论，用百家争鸣的方法来解决，而完全没有
必要采用简单、粗暴的方式来对梁先生加以批判和
攻击，更不应该把这个纯粹的学术问题混淆为政治
问题来"上纲上线"。结果，大屋顶固然一时匿迹
了，梁思成个人暂时也被批倒了，而建筑界的学术
争鸣空气也连带一扫而光了。民族形式，甚至于
建筑艺术也从此没有人敢谈了。今天我们的建筑创

作，总的来说，水平欠高，千篇一律成为普遍现象，至少一部分也是种因于对梁思成的错误批判。

令人高兴的是梁思成夫妇的一些主要观点今天已被接受，北京的故都风貌现在又重新得到了应有的重视，建筑创作界也开始出现一番繁荣的气象。可是，值得我们关心的是杭州——我国另一个历史文化名城。它的风貌现在正在遭受严重的破坏！去年8月23日"参考消息"转载的一篇文章，题目叫《莫让高楼吞食旅游区美景》，原来发表在纽约的《美洲华侨日报》上。文章中谈道"……我再次来到杭州竟发现离西湖边百多米远的地方直兀兀地冒出了几幢十几、二十层的高楼，像一群丑陋的庞然大物吞食着西湖的美景……这样的现象不仅发生在杭州，而且在全国各大旅游胜地皆有发生。"作者又说："我们国家有着绮丽的自然风光和悠久的人文资源，为了保护和丰富这一宝贵的遗产，凡风景区的保护、施工及规划必须由内行决定，……要倾听广大群众的呼声，断断不可罔顾民意，罔顾专家的意见，由几个领导关起门来'拍板决定'，做出损坏我们国家宝贵自然风光及文化资源的憾事。"

在此之前，我国聘请的沿海开发城市顾问、新加坡的吴庆瑞博士也说："在杭州、桂林建高层旅馆破坏了自然景观，政府应该阻止，绝不让步，否则会造成让后代子孙抱怨的大悲剧。"

这些海外人士的话都说得很中肯，虽然有些话说得尖锐一些，但是都很值得我们重视。事实上，对西湖景观的破坏早已开始，不过于今为烈而已。是否我们国内的广大群众和专家学者从来都不见不问，无动于衷，而必须等待国外客人来发现问题呢？当然不是。因为在风景名胜地区，一切应以自然景物为主，不宜建造高楼大厦来与湖山试比高低，否则就会破坏景观。这可以说是一个常识，而不是什么高深难懂的理论。这个道理外国人懂，我们中国人又何尝不懂。长期以来，国内的广大群众和专家学者对于在杭州、桂林等风景区大建高楼大厦、作为旅游宾馆的这种做法，曾经一再提出抗议，有人甚至于发出了"救救杭州，救救西湖"的紧急呼吁。杭州当地的市政协委员就曾经对滨湖地区详细规划提出了正式的书面意见。他们说："总之，大家不赞成在湖滨建高层的旅馆、宾馆。一是与西湖风景不协调，二是形成若干封闭圈，与这一地区的性质不相应。"可是，西湖附近的高楼至今仍在继续建造。

针对在国内各风景地区大建高楼的普遍现象，我曾多次呼吁：不允许喧宾夺主。"喧宾夺主"在这里有双重的意义，第一是指在风景区，自然景色是主，人工建设为辅，不容"喧宾夺主"；第二是指在合资企业中，国家的利益是主，外来投资者的利益也要考虑，但是不能"喧宾夺主"。《美洲华侨日报》的文章中也曾谈到"引进外资，兴办企业，要对国家有利。我们欢迎生产性的投资，欢迎国外友好互利的投资，但是坚决反对这种破坏旅游资源的行为"。大家都懂得我们欢迎外商来投资，但是决不应该为了满足外商的要求以换取目前有限的经济效益，而不惜牺牲无价之宝的国家文化遗产。否则就会贪小失大，后悔莫及，以至于愧对国人，甚至愧对全世界人民。

现在全国不仅在风景区大建高层宾馆，而且还在许多城市大建高层住宅。高层住宅造价很高，又很不适用，而且往往破坏了许多城市，特别是历史文化名城和中小城市原有的风貌和尺度。所以现在国外许多地方都已不再建造高层住宅。本着一个建筑师应有的责任感，我曾多次大声疾呼要控制高层住宅的建造。我曾在1984年的《红旗》杂志第22期上发表一篇题为《高层住宅要三思而建》的文章。"三思"就是要考虑经济效益、环境效益和社会效益，因为高层住宅的这三个效益，尤其是经济效益都很成问题，所以在当前国家的财力和物力都不富裕、基本建设战线需要继续压缩之际，大量建造高层建筑，特别是高层住宅，与"勤俭建国，增产节约"的方针实在是背道而驰的！

主张建造高层住宅的一个主要理由是节约城市

建设用地。但从北京地区住宅建设的实践经验来看，高层住宅并没有起到节约用地的作用。北京的住宅小区内原来都是多层住宅，后来开始有了高层住宅，其比重在全部住宅总数中也很有限，可是，近年来其比重逐年增长，最近两年，有的住宅小区内其高层住宅的比重已达87%了，但是它的人口密度每公顷不过667人，而早先已建成的小区人口密度已高达716人，它的高层住宅的比重仅有16%！由此可见，住宅小区的节约用地程度并不一定和它的高层住宅的比重成正比例，而主要取决于合理的规划和正确地选择住宅类型。现在北京城市总体规划要求市区住宅小区的人口密度为每公顷600～800人，完全不建造高层住宅也可以满足其下线要求，少量建造一些高层住宅就可以满足其上线要求，那又何必劳民伤财地大建高层住宅呢？国内其他中小型城市，人口密度没有北京的要求高，那就根本没有必要建高层住宅了。

我总认为，那些喜欢建造高楼的人们是希望我国的城市早些实现现代化，而在他们的心目中城市现代化的标志就是建筑高层化。这个推论却是完全缺乏科学依据的。城市现代化的标志包括高效能的基础设施、高水平的管理工作、高质量的生态环境、高度社会化的分工协作以及高度的精神文明等五个方面，但是并不包括高层建筑。为了早日实现城市现代化，首先应该把我们有限的人力物力投入到上述五个方面，而不应该把它们浪费在不必要的高层建筑上。

近年来，滥建高楼之风已从大城市吹到了各中小城市。举例来说，安徽合肥市就正计划在市中心区建造一幢40层的办公楼和五六幢20层的住宅楼。山西省的阳泉市已经建造了五幢12～18层的高层住宅，而那里的城市人口才46万人！这股劲吹的高层风在全国继续刮下去的话，再加上建筑形式上片面地模仿西方建筑的倾向，也比较普遍；其结果将不仅不必要地大大增加国家的建设投资，而且还将在不同程度内破坏许多城市原有的尺度和风貌，甚至还可能影响到全国的城镇面貌。而且当前的趋势是：我们的经济建设发展得越快，我国许多城市的面貌也变化得越大，假如它们变得不能反映我国固有的文化和传统的话，那么这些城市即使在物质文明建设方面可能是成功的，在精神文明建设上却可能是失败的。当然城市现代化是必要的，但是我认为，为了实现城市现代化，首先要实行城市建设决策民主化和科学化，否则光凭少数决策者的主观意愿和感性认识来办事，就可能事与愿违，结果反而延缓了建设速度，甚至把建设引入了错误的方向。

一方面，决策民主化和科学化首先要从决策者带头做起，不要搞成走过场。过去有些政策论证会往往邀请的绝大多数都是附和的人，而把一些有不同意见的人排斥在外，这样就很难真正做到民主化和科学化。不要忘记"上有好者，下必有甚焉者矣。"或者至少"下必有投其所好者"的情况至今并未完全消减，这一点特别值得我们决策者警惕！

另一方面，决策民主化和科学化为我们广大知识分子提出了一项光荣而艰巨的任务，那就是我们有责任为决策者们献计献策。为此，我们应该首先加强自己的主人翁观点，对党对人民要勇于负责，敢于坚持真理。而有些同志的迎合思想也是不足为训的，我们应该"不唯上，只唯实"，真正地按科学态度办事，说实话，说真心话，忠心耿耿地为国家四化建设献计献策，从而做出我们应有的贡献！

（原载1987年8月《群言》杂志）

实现建筑现代化，
首先需要思想现代化

实现四个现代化，建筑是先行。建筑不现代化，就会扯四个现代化的后腿。而为了建筑现代化，就必须实现建筑工业化，不过建筑工业化只是建筑现代化的一个重要内容，而不是它的全部内容。

我们现有的建筑事业是相当落后的，建筑施工至今还离不开"秦砖汉瓦"。我们的建筑设计也落后于时代。70年代中期，一位和我们比较友好也比较知名的日本建筑师访问北京，曾向我们提出一个问题："你们的国家为什么在建筑上至今还没有摆脱苏联早期建筑的影响呢?"苏联早期建筑的形式主义和复古主义倾向是十分严重的，在当时是代表了建筑发展中的一股逆流，而我们的日本同行竟从我们许多新建筑中看到了苏联早期建筑的残余影响，这就很值得我们反省了。我们的一些大型公共建筑往往追求对称，强调轴线，总离不开大门廊、大门厅和大台阶等那套繁文缛节，而且建筑物越重要，台阶就越高。这不禁使我们想到《周礼·考工记》。这本书对于各阶层人使用的建筑物的不同规格，都有明文规定，就台基的高度而言，天子住的建筑台基最高，诸侯的次之，士大夫的又次之，庶民的最低，等级分明，不容僭越。如此看来，我们的有些设计思想竟可以上溯到《周礼》，那岂不比"秦砖汉瓦"更为古老了吗？

所以，我认为我国建筑的落后，不仅是由于我们技术水平和生产方法的落后，更主要的是由于我们的观念和思想落后。我以为阻碍我们建筑现代化的至少有下列四个方面的问题，而这些问题又都是思想范畴内的问题。因此，实现建筑现代化，首先必须思想现代化。

追求气派，"好大喜高"

形式主义的倾向在我们的建筑设计中还相当严重。这既反映在偏重形式、忽视功能上，更表现在追求气派和"好大喜高"上。

首先，我们许多建筑的室内空间都偏高偏大。有的外国人用"高、大、空"三个字来形容我们旅馆的客房，实际是批评我们的旅馆空间太大，而设备太差，与现代化建筑有些背道而驰。我们的高级旅馆不但客房面积偏大，而且连过道也"宽人一等"。旅馆过道宽度的国际标准一般不超过1.8米，有的仅1.5米，而我们有的旅馆过道的宽度竟做到2.4米，其理由据说是便于首长陪伴外宾并肩通过。要知道清朝皇帝建在承德的"避暑山庄"里的廊子也只有1.2米宽。

房屋层高偏高更是一个普遍的现状。我们住宅的面积定额和设备标准都比国外为低，唯独层高却大大超出国际水平。假如我们适当地降低层高，而把省下来的钱用来扩大一些住宅面积或者提高设备的标准，那么住户就可以得到更多的实惠，这又何乐而不为呢？其他学校、医院、办公楼等建筑的层高也都偏高，有的竟高得出奇，例如北京有个旅馆楼板至楼板的高度是3.91米，而有个医院的楼层高度竟达4.9米。现在高层建筑逐渐增加，层高太高所造成的浪费要重复十几倍或几十倍，其数字就更为可观了。此外，空气调节的设备也日渐增多，由于层高过高而造成空调方面的浪费也是十分可观的。有的建筑内部本来已经够高了，但是为了外观的需要却还要高上加高。例如，火车站建筑由于内部用途的限制，一般只能做到一层或两层，而某些地方的车站为了片面追求街景，却把车站的外檐做得高达18米，内部候车室的层高只好一再抬高，但做到12米，也就至矣尽矣，于是大量的空间就只好浪费在吊平顶之内了。

　　大型的公共建筑固然力求高大，而一些小型的公共建筑也不甘示弱。某地一个动物园的大门就有七开间之宽，9米之高，其气派竟很像一座凯旋门！

有些工程整个面积就偏大，远远超出实际的需要。外地一些公共建筑的规模也力求与北京等大城市看齐，结果不仅造成了浪费，而且也与这些城市的应有的尺度很不协调。

据说，有些公共建筑规模搞得过大的一个理由是考虑将来发展的需要。当然，发展是应该考虑的，但是最好采用一次设计、分期扩建的方法来解决。否则，为了远景的需要而造成国家建设资金的长期积压，至少在当前国家还很穷、处处需要花钱的情况下，是很不可取的。那种在建筑中片面追求气派，"好大喜高"，而不讲求实效的作用，必须坚决制止，以免今后造成更大的浪费。

千篇一律"公式主义"

建筑创作中的另一个普遍的情况，就是因循守旧，不敢创新，互相抄袭，人云亦云。不少建筑都是大同小异，千篇一律，结果使我们的建筑不仅有形式主义倾向，而且发展成为"公式主义"。例如长期以来，凡是办公楼一类建筑，不论结构上有无需要，立面都要加上许多垛子作为装饰。一个挑檐似乎也是不可缺少的，所不同者，过去流行的是薄檐，现在的趋势则是檐子越做越厚。过去结构上的"肥梁胖柱，深基重盖"曾受到批判，而现在建筑上的"重盖"却又风行一时了。住宅建筑的外形就更少变化，近年来住宅立面上一个共同标志就是转角处的曲尺形阳台，似乎凡是住宅楼的尽端阳台要是不拐个弯，就太不成体统了。于是使用上是否有此需要，结构上是否经济合理，都在所不计了。因此，我们处处都可以看到许多似曾相识的"熟面孔"建筑。不仅在北京，而且在外地也是如此。凡是北京的一些重要的大型公共建筑，如人民大会堂和革命历史博物馆等，在外地都有大同小异的翻版。我在某县就曾看到一个具体而微的北京的军事博物馆，走近一看，原来是一个县立图书馆。

建筑和其他的艺术一样是一种创作，这就要求百花齐放，丰富多彩，而切忌千篇一律。因为再好的艺术创作，来回重复，到处是它，大家也就望而生厌了。

造成建筑界中这种"公式主义"倾向的一个主要原因，就是"双百"方针长期以来受到严重干扰，而在"四人帮"横行的时期内则已名存实亡，甚至连名也不存了。不仅如此，一些建筑形式和风格的问题几乎也成了禁区。凡是有些创新，有些与众不同的作品，都有可能被扣上"洋怪飞"或者"封资修"的帽子，而犯了意识形态方面的错误。反不如人云亦云，四平八稳，倒比较稳妥可靠。因此许多设计人员都不求立"创新"之功，但求少犯"复辟"之过，于是"公式主义"也就风行一时了。

首长意志？迎合思想？

长官意志决定一切，而且谁的官大就听谁的，这种情况在建筑界也同样存在。有的设计虽然经过广泛征集方案和反复地讨论评选，最后都还是领导一句话说了算。当然领导的决定多半也是正确的，但并非每一个决定都是正确的。例如，在北京有一个时期，凡是把房屋与干道垂直布置的，就被有的领导人讽刺为"肩膀朝街"，因而是一个禁忌。殊不知在南北向的干道上，若是单纯为了街景，而把房屋一律沿街建造，那么这些建筑不仅要受干道上车辆噪声的干扰，而且朝向也成问题，尤其对于住宅建筑，就更不相宜。

党的建筑方针是"适用，经济，在可能条件下注意美观"，而有些领导人在评议方案时，对适用和经济问题较少过问，更感兴趣的是建筑物的外观，往往根据自己对外形的喜爱而决定方案的取舍。这就导致有些设计人员不在适用、经济问题上多下功夫，而把主要精力都花在立面处理上，特别是在画渲染透视图上，有时甚至在这些图上弄虚作假，"哗官取宠"，结果自然会影响设计本身的质量。

所谓首长意志也不能一概而论。1959年我主持"十大国庆工程"之一——中国革命博物馆和中国历史博物馆的设计工作时，已故周恩来总理看了该设计的立面图之后，嫌门廊的方形列柱的比例看来比较瘦了一些，因此希望适当加粗。后来，我当面向总理解释，方柱不同于圆柱，立面图上看来稍为细一些，透视看来却正好。否则，透视看来就显得粗笨了。总理认为，我说得有理，也就不坚持他的意见了，我想不仅我们敬爱的周总理，而且多数领导干部也是愿意倾听不同意见的。可是，我们有些建筑师却习惯一味迎合"首长意志"，有时候甚至于假借"首长意志"的名义，推销自己的意图。这种"迎合思想"同样也对我们的建筑创作产生了消极的影响。

建筑和人民的日常生活有密切的关系，人们非常关心建筑问题，这是完全应该的。不过建筑是一门综合性的学问，它既是工程技术，又是艺术，同时又与社会科学关系密切。此外，不仅适用、经济和美观三者之间互有矛盾，而且建筑和规划、施工等方面，建筑和结构、设备及电气等有关专业之间也是矛盾重重。因此，一个建筑设计是许多矛盾的统一，没有深入细致的分析研究，往往很难正确地判断一个设计。对建筑的美观问题虽然是人人都有自己的看法，但也不是每一个人的建筑审美观念都是正确的。首先，建筑的美观问题应该结合适用和经济问题来全面考虑；其次，对建筑美观的一些概念也应该随着时代的前进而转变。所以我们建筑设计人员固然应该考虑群众的喜闻乐见问题，但它却不一定是衡量建筑美观的唯一标准。我们建筑设计工作者有义务帮助大家更多地了解我们的工作，有责任进一步提高我们的业务水平，同时，也恳切地希望有关领导更多地听取和重视我们的意见。

外宾至上　照顾过分

现在，我国和外国的交往日益频繁，前来我国访问和旅游的外国人一天比一天多了，这当然是好现象。不过当前在一些建筑设计中，照顾外宾有些过分之处。例如某些地方的火车站，正中的大门和宽广的门厅只供少数外宾和首长使用，而大量的乘客却只能从旁门出入。北京有个医院新盖的门诊大楼也是如此，因而有的病人说："我每次去看病，看到这种情况，病都要加重三分。"一些饭馆茶室，特别是那些风景区的这类建筑，楼上宽敞华丽的雅座是专为外宾服务的，而广大群众却只能拥挤在楼下局促简陋的环境内。此外，在一般生产性建筑中，也设计了不少面积宽大、装修讲究的外宾室、贵宾室及其附属用房，占用了不少的建筑面积和投资。当然，适当地照顾一下外宾也无可厚非，但搞得内外悬殊，就很不得体了。实际上，大多数外宾对此也不一定领情，因为他们到中国来的目的不仅是为了参观名胜古迹和农村、工厂，而且还希望和我们的人民多多接近，增加对我国人民的了解，从而增进彼此的友谊。但是我们的建筑却处处为他们设置人为的障碍，不是缩小而是加大彼此间的距离。对外宾既要热情招待，也要不卑不亢，我希望这个态度在我们的建筑中也能得到反映。

在现阶段首先应该提倡讲究实效

以上这些错误的、落后的思想，不仅我们设计人员有，有的领导和一些群众也有。所以，要实现建筑现代化，首先必须批判和肃清这些落后思想，特别是那种只讲求形式，追求气派，而不注意实际，不重视经济的思想，它们不仅与现代化的要求格格不入，而且也绝不是无产阶级的思想，倒是与封建社会那种爱虚荣、爱摆排场的思想更为接近。

我以为，至少在现阶段，我们在建筑设计中首先要提倡的是讲求实效的思想。我们国家现在还很穷，而进行基本建设又必须投入大量的资金，所以我们必须力求以最少的代价来换取最大的效果，也就是在建筑设计中坚决贯彻"少花钱，多办事"的精神。我们要更好地满足功能的要求，还要大算特算经济账。过去，我们对于建筑经济重视得还很不够，往往只算建筑面积的账，而不算体积的账（我们的建筑层高长期来普遍偏高，这是一个原因）；只算建筑本身造价的账，而不算建设用地和市政设施费用的账；只算一次投资的账，而不算经常费用的账；只算施工工作量的账，而不算使用者的劳动量的账。一句话，我们建筑设计的账算得不够细致，不够全面，也不够科学化。

我国现在存在的一个突出问题就是工作效率太低，它意味着我们的时间不值钱。这是一种落后的现象，我们应该从各方面努力尽快地消灭它。我们建筑设计工作者更有责任通过我们的设计来提高人们的工作效率。在这个问题上，我们过去也有所努力，却不是在每一个设计和每一个细节上都充分注意这个问题。我们许多设计往往还存在布局不够紧凑、交通路线过长等问题。举例来说，门厅、交通厅面积过大是我们建筑中的一个比较普遍的现象。高层建筑中使用电梯较多，它们往往成组布置在交通厅的两旁，而我们却把交通厅设计得过分宽阔，这不仅不必要地增加了每一层楼的交通面积，而且使电梯乘客在选用两边的电梯时奔走距离加大，降低了这些电梯的使用率。又如，我们常常在暖气片外面罩上了很笨重的木栅栏，在电灯外面罩上了并不一定美观的灯罩，结果使这些暖气片的散热量和电灯的发光量大受损耗。这些浪费日积月累，为数可观，这笔账怎么能不算呢？此外，在硬木地板或水磨石地面上再铺上满堂地毯，结果使这些高级地面材料长期埋没在地毯之下，"怀才不遇"，这种冤钱今后真不应该再花了。

当然，建筑的美观还是应该注意的，但是决不应该不惜工本地追求美观，更不应该不顾功能而片面地考虑美观问题。一定要认真地体会党的建筑方针中"在可能条件下"六个字的含义。我以为现阶段在一般建筑中对美观的要求不宜过高，只要做到朴素大方也就够了。至于民族形式问题则不必回避，要作为建筑创作中一个努力的目标研究探讨，但也不必过分强调。总之，美观是需要的，但决不要为此而付出太大的代价，这种代价按照我国当前有限的财力物力来说，是不值得的。而在将来呢，广大群众的生活水平提高了，设计人员艺术水平也提高了，则又当别论了。

总之，作为一家之言，我认为在建筑设计中当前首先应该坚决批判和彻底肃清的就是形式主义，而马上需要提倡的就是"实效主义"。此外，我以为，采用国外最新的科学技术的成果来建造我们的房屋，不一定就等于我们建筑的现代化；同样，搬用国外最新的建筑理论来指导我们的设计，也不一定就可以实现我国建筑的现代化。我们必须结合我国当前的具体情况来实现我国的建筑现代化。

除了应该提倡"实效主义"之外，我还认为提倡下列各项工作也有利于提高我们的建筑设计水平，有助于实现建筑现代化。

1. 提倡设计竞赛

我们建筑界从来有个符合"双百"方针的优良

传统，那就是设计方案竞赛。通过设计方案竞赛，不仅可以为某一具体工程选择最优秀的方案，还可以发现人才和交流经验。过去长时间内，我们较少举行设计方案竞赛，有的所谓"征求方案"办法也欠完善，以致使有些参加做方案的人感到他们不过起个陪客作用，凑凑热闹而已。所谓"综合方案"也常常成了"大杂烩"。所以今后不仅要多多举行设计竞赛，而且应该有一套公平合理的评选与奖励方法。此外，特别重要的工程也不妨举行国际性的竞赛，而且应该鼓励我们的设计人员多去参加一些旁的国家举办的国际竞赛，以达互相观摩和交流经验之效。

2. 提倡建筑评论

对一些建筑创作加以讨论并对它做出恰当的评价，是提高设计水平的一个有效措施，也有利于推动建筑理论研究的开展。可是长期以来，我们却非常缺乏建筑评论。一些较大的工程，特别是有政治意义的工程，一经建成，好像就必然是尽善尽美，大家只能随声赞美，而不能加以批评。否则，提意见的人就会被扣上"恶意攻击"或"给社会主义建设抹黑"等一大堆罪名，结果只能使人噤若寒蝉。而有的建筑在某些运动中一经被点名批判，则马上一无是处，设计人只有检讨的份儿，而绝无答辩的余地。所以，过去比较少见的一些建筑评论也是非"誉"即"毁"，各走极端，十分缺乏实事求是的持平之论，引不起什么争论，也就谈不到什么"争鸣"了！为了贯彻"双百"方针，活泼学术空气，促进建筑现代化，今后应该大力提倡建筑评论。邓小平同志在视察前三门高层住宅楼时就曾建议"找些会挑毛病的人来提提意见"，小平同志这个建议实际上就是动员大家来评论建筑。今后所有的人（不论专家或群众）应该都有对任何一座建筑"评头品足""吹毛求疵"的自由，不容妄加阻止，而设计人也应该有答辩和自我批评的权利。此外，还可以鼓励一些建筑师或艺术家发展成为专业评论家。为什么我们可以有政治评论员、文艺批评家。而不可以有一些

建筑评论员呢？像我们这样大的一个国家，有一些
建筑评论家绝不是一种"奢侈品"，而是一种"必
需品"。

3. 提倡建筑理论研究

建筑设计是为基本建设服务的，反过来建筑设
计本身也需要搞一些"基本建设"。这"基本建设"
就是建筑理论。过去主要由于"四人帮"对于学术
研究工作的干扰和破坏，建筑界内大家都不大敢接
触理论问题，即使谈到理论问题，题目总不离建筑
风格、民族形式和设计构图等，范围往往不够全面
和宽广。我以为，理论问题最好从一些根本问题谈
起，例如建筑的内容究竟包括些什么？建筑究竟是
一门什么学问？同时，也应该从党的建筑方针谈
起，因为我们设计人员固然都拥护"适用，经济，
在可能条件下注意美观"的方针，但是每个人对于
这个方针的解释就可能大有出入，这从一些想法很
悬殊的设计方案中就可以反映出来。因此，应该有
一套与这个方针相配合的建筑理论来阐明它，把它

具体化，以便我们可以更全面和正确地去理解它和贯彻它。当然也应该鼓励设计工作者提出自己的各种观点、主张和理论，只有这样，才能做到"百家争鸣"！

（原载1979年3月21日《北京日报》）

首先多样化，争取民族化

——谈有关建筑创作的两个问题

新中国成立以来，在设计质量方面，总的来说，是不能令人满意的。其中一个最突出的问题就是建筑形式的单调贫乏，给人一种"千篇一律"的感觉。1983年7月中共中央、国务院对《北京城市建设总体规划方案》做了内容很详尽的"批复"。这个"批复"是指导首都城市建设的纲领性文件。在这个"批复"的第五条"大力加快城市基础设施的建设，继续兴建住宅和文化、生活服务设施"中，就提到"要充分注意住宅设计的多样化，克服千篇一律的状况"。同年8月间上海《新民晚报》上登载的一篇短文说："自从五十年代批判'大屋顶'以来，在建筑设计思想上'紧箍咒'很多，尤其住宅建筑艺术性是不大讲了，公房都是火柴盒式，一条街一个式样，整齐划一，如同兵营"①。由此可见，从中央领导到广大群众，从南到北，都认为我们的新建筑形式单调，千篇一律，因而人心思"变"了。事实上，建筑形式的千篇一律不仅存在于住宅建筑中，同样也存在于其他类型的建筑中；不仅存在于北京、上海两个城市中，同样存在于全国其他城市中。例如，国内许多城市中新建火车站和影剧院的形式也都是大同小异，十分相似的。凡是火车站，其内部总是十分高大的空间，其外部总是大挑檐下大片玻璃窗，上面再加一系列的垛子。凡是影剧院，总是至少五开间宽，三层楼高，门前再加上一个大台阶。这些车站和影剧院建筑又几乎都是不问所在地点，一律强调轴线，严格对称。电影院内部本来不需要三层楼，为了照顾立面而添设的三层楼往往很难利用。我在山东某一城市，就曾看到一个电影院

---

① 见1983年8月26日上海《新民晚报》刊登的《讲点建筑艺术》，文中"公房"是城市职工住宅在上海的名称。

在三层楼的内廊里晒了不少衣服，路上行人可以透过大玻璃窗看得一清二楚，为这个很气派的建筑增添了不少居住建筑的气氛，看了令人啼笑皆非！

我国是一个幅员辽阔的国家，各地区的气候、地理、风土、人情等各不相同，因而我国传统建筑的形式是丰富多彩的，不仅北方建筑的形式有别于南方建筑，而且同一地区、同一省份的不同县城的建筑亦往往各有特色，互不雷同。可是，现在却是从南到北，从山城到水乡，从酷热地区到严寒地区，尽管环境条件大有变化，而新建筑的形式却是以不变应万变，大同小异，千篇一律。本来一个城市的面貌首先决定于它的建筑形式，而今在全国各城市里，居住建筑不用说了，它本来就是采用标准设计，所以形式也就理所当然的非常标准化，一些公共建筑，本来并不是标准设计，可是在外形上同样也有标准设计的效果，甚至于连纪念碑都是北京天安门广场人民英雄纪念碑的不同尺度的翻版！由于建筑形式千篇一律，使我们全国各城市的面貌也正在走向千篇一律。

当然，在这三十多年的长时期内，我国建筑形式中也曾有过一些变化。例如，我们的公共建筑过去流行直线条处理。因此尽管结构上根本无此需要，外墙上也一律都要加上垛子。如今则时兴横线条处理，虽然远远超出了采光、通风的需要，也采用了通长的大玻璃窗。过去的屋檐处理是越薄越好，现在的屋檐则是越厚越好。檐子却成了妇女的裙子了，时而长，时而短，随着风尚而伸缩。过去，人们批评我们的建筑像火柴盒子。现在，人们仍然批评我们的建筑像火柴盒子。所不同者，过去多是横放的火柴盒子，现在则增加了竖放的火柴盒子，这是因为近几年来高层建筑的数量增加了。此外，过去是外地学北京，因此北京的一些较大建筑在外地都有翻版。现在则是全国学广州，所以横线条的玻璃盒子就风行各地。有的地方，明明是北国风光，却也要搞广式庭园。凡是大楼梯之下总要设置一个水池，否则就感到不够意思！所以从时间上来说，变化是有一些的，但是从空间上来说，仍旧是全国各地互相模仿，在某一个时期内，统一流行某一种建筑形式，这一个现象至今还没有丝毫改变！

总之，建筑形式千篇一律的情况不允许再继续下去了，建筑创作多样化已经成为我们建筑师的当务之急了。

提倡建筑创作多样化是建筑师们的当务之急，但还不是我们唯一的任务，我们不能满足于建筑形式多样化，因为还有一个更高的要求和更艰巨的任务等待着我们。

建筑是人们利用当时当地所具备的物质条件所建造的，是用来满足当时当地人们的物质和精神的需要的，这些条件和需要都是因时、因地而异的。虽然随着科学技术的发展，文化艺术的交流，这些差异在一定程度内会缩小，但却不会完全消灭的。所以，一个建筑物的设计理应既能反映它建造的时代，又能反映它建造的地区。过去梁思成先生曾把建筑分成"中而古""西而古""中而新""西而新"四大类，并批评了某些大型公共建筑的"西而古"的倾向。我是同意梁先生的意见的，因为一个现代中国的建筑要是"西而古"的话，那么它所反映的时代和地区就都错了。只有"中而新"的建筑才是我们应该争取的目标。这就要求我们的新建筑在满足现代化需要的同时，还必须具有自己的民族特色。我们的建筑创作必须走中国自己的道路。

遗憾的是，新中国成立以来，我们在建筑创作中并没有做到这一点。早先是片面地学习苏联，近年来则又盲目地模仿西方，总的来说，走的都不是中国自己的道路。50年代刮过一阵"大屋顶"风，"大屋顶"本身虽是国货，但是"大屋顶"的理论根据"民族形式，社会主义内容"的口号却是苏联流传过来的。什么是"社会主义内容"？很难说清楚。"民族形式"倒比较具体一些，在当时苏联是用"大尖塔"来体现的，于是为了向苏联学习，在我国"大尖塔"就相应地"翻译"成为"大屋顶"了。后来"大屋顶"受到了批判，结果连民族形式也避而不谈了。不但如此，而且连一切坡屋顶都不敢用了，因为有接近"大屋顶"之嫌。此后，所有建筑都只好一律平顶，这在一定程度内也造成了建筑轮廓线的单调平淡。

　　要走中国自己的道路，就应该从中国的实际出发，因此我们必须首先了解中国，认识中国。我以为中国有两个非常突出的特点：一个是穷，另一个是富。"穷"是指我们的财力物力，"富"是指我们丰富多彩的传统文化艺术。前者是我们之所短，后者是我们之所长。著名建筑大师贝聿铭曾在国外发表议论，认为"中国建筑师的当务之急，就是探索一种建筑形式，它既是我们有限的物力之所能及的，同时又是尊重自己文化的"①。我认为贝的用意就是希望我们结合我国的特点而扬长避短。强调"我们有限的物力之所能及"就是为了"避短"，"尊

———————————

① 保尔·戈特勃："贝聿铭重新发现中国"，见1983年1月23日美国《纽约时报》杂志。

重自己的文化"也就是要重视和发扬自己的建筑传统，则是为了"扬长"。中央对《北京城市建设总体规划方案》的批复的第七条"大力加强城市的环境建设"一条内，又提出了要努力提高城市的建筑艺术水平，各种房屋建筑、道路、广场、园林雕塑，都要精心规划和精心设计，体现民族文化的传统特色。我以为不仅北京一个地方应该这样做，而且全国各地也应该这样做，也就是都应该提高城市艺术水平，并在规划和建筑中不同程度地体现民族文化的特色。

最近，中国建筑学会应邀派了一个代表团去澳大利亚参加一个国际的建筑学术会议。在会上许多国家代表的发言都主张要探索本民族、本地区的特色，例如美国弗兰姆普敦教授就认为建筑必然要具有地区特色，工艺技术的发展不可能排除地区的文化传统。他反对不讲地区条件的"世界化"建筑。日本建筑师长岛孝一则认为建筑师的任务是要"促进和重新活跃本国的特殊的文化价值"。澳大利亚建筑师柯志斯则提倡要探求澳大利亚建筑中的"澳大利亚性"。由此可见，探求自己的民族特色已成为当今国外建筑界的一股主要思潮了。

总之，今天无论在国内或在国外，人们都提出了建筑要有民族特色的要求。现在是我们建筑师们认真考虑这个问题的时候了，我们应该就这个问题展开广泛的讨论，而不能再避而不谈了。

造成建筑形式千篇一律和建筑创作缺乏民族特色的原因是多方面的。在客观方面，瞎指挥的干扰、有关专业的牵制、施工单位的压力、建筑材料的贫乏，以及政治运动的冲击等，在不同程度上都给建筑师的创作带来了困难。于是建筑师们只能把原来应该用在创作方面的精力转用于应付瞎指挥，与各专业讨价还价，与施工单位搞妥协或扯皮，为加工订货而奔走，为对付运动而检讨，等等。而长期处在这种环境内，建筑师本身也养成一种工作习惯，就是想得少，画得多；动脑筋少，动笔杆多；理论少，实践多；构思少，构图多；结果当然是创作少，而模仿多。因为被模仿的对象总是一些"已经考验"的工程，模仿它们是既省心，又稳妥，又何乐而不为呢？

所以，为了繁荣建筑创作和提高设计质量，改善建筑师的工作条件，提高建筑师的社会地位，给建筑师一定的"自主权"，这些措施都是十分必要的。但是我以为就是这些措施都实现了，建筑师们也不可能马上才华横溢，文思泉涌，搞出非常出色的作品来。因为建筑师的头脑长期被束缚之后，不免有些僵化，即使外界的清规戒律消除了，自己头脑里的许多"框框"也不会很快地完全消失，需要一个相当长的时期和非常艰苦的努力才能恢复正常。建筑师应该解放思想，开阔思路，提高理论水平，改变工作方式（把更多的精力用在立意和构思上），以及重新发现和重新认识祖国丰富多彩的建筑传统，以便从中获取灵感，吸收营养，从而逐渐创造出"中而新"的建筑，也就是有民族特色的新建筑来。

在提倡建筑多样化和民族化时，千万不要因此而忽视了功能和经济这两个重要因素。不要与功能对立起来，不能在功能方面作出牺牲来换取多样化和民族化，因为满足功能要求始终是建筑的第一个目的。过去我们对功能问题不是考虑得太多了，而是还很不够。此外，不要忘记建筑现代化也是我们建筑师当前的一个重要课题，而建筑现代化应该通过它的内容，首先是功能来实现。一个建筑仅仅在外形上有些新意，而在功能方面却是十分落后的，绝谈不上是一个现代化的建筑。我们建筑师有责任把现代化的内容和民族形式结合起来，而不是把它们对立起来。

当然也不应该把多样化、民族化和经济对立起来。"勤俭建国"的方针在我国是长久之计，而不是权宜之计。由于基本建设需要投入大量的资金，建筑设计就更需要精打细算，讲求经济效益。多样化和民族化都涉及美观问题，不能否认美观和经济有时候是有一定矛盾的，但是决不能让多样化和民族化成为铺张浪费的借口。应该看到美观与造价的高低，也不总是成正比例的，钱没有少花而并不美观的建筑也不少见。尽量统一或减少美观和经济之间的矛盾应该是我们建筑师的职责，同时也是对我们业务水平的考验。

过去由于种种原因，"双百方针"贯彻得太不够了，今后应该大力贯彻。为了多样化，当然应该提倡"百花齐放"，而为了民族化，也应该提倡"百花齐放"，应该让大家从不同的途径来探索我们建筑的民族特色，建筑的民族形式可以是多种多样的，也应该是多种多样的。

一个好的建筑创作不仅需要建筑师本身的努力，而且还需要结构、设备等有关专业和施工材料等方面的配合和支持，方能得以实现。因此关于建筑创作问题的讨论还应该有这些有关人士参加。建筑是一门综合性的学科，它既是艺术，又是技术；既与自然科学有关，又与社会科学有关。因此，我们还应该邀请美术家、文学家、历史学家、经济学家和社会科学家等参加。此外，建筑又是广大群众关心的问题，他们在这个问题上也应该有发言权。在有关建筑创作问题上，必须"百家争鸣"。建筑师可以发言，不是建筑师也可以发言，成"家"的人可以发言，不成"家"的人也可以发言。让我们大家为了繁荣建筑创作，提高设计水平而各抒己见，畅所欲言罢！

一九八三年九月十四日

（原载《建筑师》丛刊，1983年第17期）

怪≠美，洋≠新，多花钱≠建筑艺术

近十年来北京城市建设的成绩很大，有目共睹。建筑形式也日益丰富多彩，千篇一律的现象已经不复存在。可是同时也出现了一个值得注意的倾向，有些新建筑忽视了投资效益，脱离了功能的要求，不考虑结构的合理而片面追求形式和美观。这种倾向表现在或以怪为美，或以洋为美，或以复古为美，或以奢华为美，或以高大为美，可谓多种多样，"美"不胜收。下面分别谈一谈各种"美"。

以怪为"美"。近年来，不少新建筑为了标新立异，形式都很不一般，平面有三角形的、菱形的或弧形的等，立面也力求奇特，总之尽量避免把建筑体形做得比较方整，好像这样做就不落入俗套了。

当然在一块很不规则的基地上，或者由于内容的要求，采用一些特殊的体形也是允许的，甚至是必要的；不过在基地原来比较方整，没有什么特别内容的情况下，把建筑体形设计得十分奇特和复杂，就不免流于牵强和做作了。其结果只能造成结构的不尽合理，许多畸形的面积和空间无法充分利用，因此必然降低了使用面积系数。例如高级宾馆的每一客房分担的建筑面积应在70平方米左右，而北京有几个宾馆的每室建筑面积都高达100多平方米，造成这种情况的原因除了公共厅堂过道等面积太大之外，太不规则的平面也是一个主要原因，这些宾馆的投资效益也不问可知了。

以洋为"美"。有些新建筑的形式就是从外国照搬过来的，这样做是否恰当，值得研究。我以为，我们不能要求每一幢建筑都要有民族特色，不过至少应该避免完全抄袭外国的东西。长城饭店就是一个全部玻璃幕墙的洋式建筑，是美国人做的设计，据说是把已有的成图稍加修改而成的。许多外国朋友对于美国建筑师为什么要把这种形式的建筑搬到北京来，都表示很不理解。西单大街上又有一幢全部玻璃幕墙的商业大厦快要竣工了，这是一个中国和挪威合资建造的工程，我以为这幢楼造在奥斯陆可能比在北京更为合适。

以复古为"美"。50年代，全国各地，特别是北京造过不少带有传统屋顶的复古主义的建筑，不久就遭到了过分的批判，从此不但"大屋顶"绝迹了，而且连"民族形式"也不敢提了。近年来，"民族形式"的要求又重新提出来了，"大屋顶"也解禁了，可是却又从一个极端走入了另一极端。过去只有一些重要的公共建筑才采用"大屋顶"，而现在则连鞋帽商店和妇女商店等建筑都用上了大量琉璃瓦顶和油漆彩画，一家饮食楼的建筑则不但采用了大量的琉璃瓦大屋顶，而且连宝塔的形式也用上了，许多高层建筑虽然不用大屋顶，也得加上一些小亭子。我总担心这种滥用传统形式的做法只会把我们的建筑创作引到复古主义的老路上去，而不可能创造出来新的民族形式。

以奢华为"美"。现在许多新建筑都在装修和设备方面盲目追求高标准。例如花岗石本是昂贵的建筑材料，磨光的花岗石则更贵了，而现在不少新建筑却使用了大量磨光花岗石作为地面和墙面，有些还是从意大利进口的材料，甚至一些几十层的高楼也从地面直到顶部都用上了磨光花岗石墙面，不锈钢更是很贵重的材料，而今都用来装饰室内外的柱子。

大面积的玻璃窗的造价也是十分昂贵的，一般都用在需要观赏室外景物或充分享受阳光的地方，而如今却到处被滥用，其中一个比较突出的例子就是一家著名饭店的贵宾楼建筑。这幢建筑西立面的底部都是二层楼高的大片玻璃墙面，而透过这片玻璃看到的却是一条很窄的马路和一些低矮杂乱的建筑，看来它唯一的作用就是最大限度地引进西晒了！

在同一贵宾楼里还装上了三部造价很贵的所谓

"观景电梯"。这种电梯是从美国流行起来的。其作用是在它上下升降之际，梯内来客可以观赏室内或室外空间的变化。而贵宾楼的中庭只有六七层高，人们才进入电梯转瞬已到顶层，根本来不及欣赏室内空间的变化。丰台区有所宾馆，规模不大，层数也不高，只装了一部电梯，这部电梯也是"观景电梯"，有这个必要吗？

以高大为"美"。贪大求高从来是我们建筑中一个通病。近十多年来高楼大厦盖得太多了，恐怕也与此有关，当然有的高楼是为了节约用地而建造的，但也有不少高楼只是为了追求气派，显示"现代化"而盖的。有的高层建筑为了拔高，竟不惜减少每层的使用面积，结果不免降低了平面使用系数。

以上形形色色的美都有一个共同之处，就是它们在不同程度上都不必要地增加了造价，因而造成了浪费，降低了投资效益。不仅如此，这些建筑的出现还往往助长了社会上一部分人贪图享受、崇尚奢华、迷信外国、华而不实的社会风气。

针对上述种种情况，我提出以下三个建议。

1. 要认真贯彻勤俭建国的方针

一个国家提倡什么，反对什么应该是影响深远、关系重大的政策性问题。结合我国国力有限，而百废待兴的实际情况，我们应该提倡勤俭建国、艰苦创业、事事讲求实惠、处处讲求实效；应该反对铺张浪费、摆阔充富和华而不实。尤其城市建设和房屋建筑需要投入大量的财力和物力，所以更应该厉行节约，反对浪费，并努力提高投资效益。

对于勤俭建国要有一个正确的理解，贯彻勤俭建国的方针不等于一味地因陋就简；也不等于片面节约，只顾眼前、不顾将来；勤俭建国更不等于不要现代化。现代化是必要的，建筑界也不能例外，不过不能脱离了国力和国情来盲目追求现代化。对于什么是现代化应该有一个正确的认识，建筑现代化并不等于城市现代化，使用大片的玻璃幕墙和新奇的外形也不一定等于建筑现代化。北京就有一个很大的高级宾馆，弧形的体形，外表很新颖，也很现代化，可是它的底层的公用厅堂的位置却在不同的高度上，彼此之间必须上下台阶，因此完全违背了现代化建筑的一个重要内容，那就是为了方便残疾人和老人的无障碍设计。节能是现代化建筑的另一个重要内容，因此，有条件使用自然通风和采光的就不必采用空调和人工照明，所以全部空调和人工照明的建筑也不一定就是现代化。因此，没有必要把勤俭建国和建筑现代化完全对立起来，更不应该在"现代化"的招牌下，做表面文章，搞不急之务。

2. 设计工作者应提高自己的政策水平和业务水平

设计工作者应认真创作，不能盲目模仿西方现代建筑或生硬地搬用传统形式，特别要摆对美观和经济的相互关系。建筑师必须在满足功能要求和讲求经济效益的前提下讲求美观。当然为了照顾美观，适度增加一些造价也是允许的，但是不应该不惜工本，片面追求美观。一座建筑美观的程度并不一定和它的造价高低成正比，多花了钱而并不美观的建筑比比皆是，前面谈到的只是一些例子而已。

3. 要算经济账，要讲求投资效益

今后在审查或评选设计方案时，必须根据适用、经济和美观三大因素来综合进行评价，而不是孤立地、片面地注意美观和形式问题，更不能光凭对几张透视图的观感来评比方案。经济效益的高低必须作为衡量方案优劣的主要标准。城市建设、住宅建设和基本建设都需要大量的投资，而因它们的节约或浪费，往往差别很大。

以住宅建设为例，高层住宅不宜多建的原因很多，而其中最大的一个原因就是经济效益太低。这是由于高层住宅的单位造价高，平面使用系数低，施工周期长，经常管理费用大，这些因素加在一起就大大降低了它的投资效益。今年1月8日《北京日报》上发表了一篇题为《必须严格控制高层住宅的建设》的文章。文中有下列一段话："按居住家庭生活实际使用的面积计算，高层住宅每平方米使用面积造价为776.2元，多层住宅为577.2元。高层住宅每

平方米使用面积的造价比多层住宅多199元，高于多层住宅35%。如果用建设北京目前已有的一千栋800万平方米的高层住宅的建设资金来建造多层住宅，至少可以多建住房270万平方米，可解决5万户、20余万人的住宅问题"。这些具体数字难道不足以说明问题吗？难道不值得我们引以为鉴吗？

总之，我们城市建设工作者，特别是决策者们应该认识到，我们人人都有责任在各自的岗位上替人民、替国家把好这个经济大关，而没有权利去慷人民之慨，慷国家之慨！

（原载《北京投资管理》杂志，1990年6月，原题为
《勤俭建国、勤俭建设、勤俭建筑》）

村镇建设要走中国
自己的道路

现在全国农村形势大好。农民富起来了，要做的第一件事就是盖新房子。可是由于缺乏规划和设计，大多数农村新住宅都盖得很凌乱，用地也不够经济，而且学校、商店、卫生所和文化站等福利服务设施以及道路、上下水等基础设施都没有跟上去。此外随着社队工业的发展，乡村还需要建造各种生产性用房，所以经过通盘规划的村镇建设就成为当务之急了。村镇建设不仅影响农村的经济发展和社会发展，而且还将决定农村的面貌，因此十分值得我们重视。所以最近（六月下旬）中国建筑学会在江苏嘉定举行的"村镇建设学术讨论会"是十分及时的，也是非常必要的。我相信这次会议将对今后我国村镇建设产生深远的影响。

我们的社会主义要有中国的特色，我们的村镇建设也要有中国的特色，但是遗憾的是，新中国成立三十几年以来，我国的建筑创作和城市建设在早期是片面地学习苏联，近几年来则盲目地模仿西方。总的来说，走的都不能算是中国自己的道路。村镇建设对我们设计和规划工作者来说是一个新的课题，我希望在这项新的工作中我们不要重复过去的错误，要走出中国自己的道路。

中国的"穷"和"富"

要走中国自己的道路，就应该从中国自己的实际情况和自己的具体条件出发，因此我们就必须首先了解中国，认识中国。我以为中国有两个非常突出的特点：一个是"穷"，一个是"富"。"穷"是指我们的财力物力而言，由于种种的原因，中国现在还是相当的穷，这是不必讳言的。"富"是指我们的传统文化艺术而言，由于我国幅员广阔，历史悠久，人民勤劳智慧，我们的传统文化艺术是非常光辉灿烂和丰富多彩的。前者是我们之所短，而后者则是我们的所长。了解了自己的所短和所长，我们就可以扬长避短，从而走中国自己的道路。我很同意著名的建筑大师贝聿铭在他最近的言论中的一段话："中国建筑师当务之急是探索一种新的建筑形式，它既是中国有限的物力之所能及的，又是尊重自己文化的。"这段话的用意也是要求我们在建筑创作中要避免自己的所短，发扬自己的所长。

要扬长避短

我们搞设计和规划的同志们，应该牢牢记住中国很"穷"这一特点。因为实现一个设计和规划是往往需要投入大量的财力和物力，因此，为了"避短"，我们应该处处精打细算，事事讲求经济效益，不要以为现在农村开始富裕一些，就可以大手大脚了，我们还必须坚持少花钱、多办事的原则。所以，我非常赞成到会许多同志提出的意见，那就是村镇建设首先应立足于旧村改造，而不一定都要另起炉灶，平地起家。原有的建筑还应该尽可能地加以利用。量大面广的农民住宅的面积标准更应该严格控制，不宜搞得过于高大宽敞。根据我的观察，许多地方的农民住宅的面积和空间都偏大偏高。有些农民住房，更搞得大而无当，迹近铺张，这种倾向值得注意，不能任其泛滥。不要忘记我们现有的物力还是很有限的，在农村中建筑材料，如木材、水泥等的供应更为紧张。看来很有必要通过办农村建筑图纸和模型展览或盖样板楼等不同途径来向农民弟兄们宣传，让他们明白：只要通过合理的设计，我们完全有可能把农村住宅在更紧凑的空间布局内，搞得更适用一些，更美观一些，同时还可以节约工料和节约用地。科学技术可以帮助农民发财致富，同样的也可以帮助他们节俭建家园。对我们建筑设计工作者来说，过去我们主要是为城市居民服务，现在是我们面向农村，为八亿农民弟兄服务的时候了。

为了"扬长"，我们就应该尽量保持我们的民族风格和地方特色。我国的传统农村建筑，由于符合了因地制宜和就地取材的原则，它们的形式是丰富多样的，不仅全国各省、各地区各有特色，而且在同一省和同一地区内，各个县城往往也各有不同。我们一定要维护和发扬这一优点，而不要再重复过去城市建设中的错误，把建筑形式和城市面貌，都搞得大同小异，千篇一律，令人望而生厌。

不要"贪大求洋"

"贪大求洋"是过去我们基本建设中的一个比较常犯的毛病，在村镇建设中应该避免这样做。在这里，不要"贪大"是指在建设和建筑的规模和尺度方面，也就是道路不宜过宽，广场不宜过大，公共建筑也不宜过于高大等。我到过不少中小城市，发现几乎每个城市都有一个新建的大型影剧院。它们一般都是至少五开间的面宽，三层楼高，正面全是大玻璃窗，门前是很高的大台阶，它们的确很壮观，很气派，很像大城市里的大剧院或纪念堂之类的建筑，可是据说并不实用，往往很少能满座。这种不讲实惠，一味追求气派，盲目向大城市看齐的建设方针不仅带来了投资方面的浪费，而且还破坏了中小城市应有的尺度和风貌，从而造成了双重的损失。

不要"求洋"是指在建筑形式和风格方面。近年来，在这方面有个趋向，就是大城市学外国，中小城市学大城市，而村镇又很可能学中小城市。片面地模仿外国本来就不一定对，何况辗转抄袭，越学越走样，长此下去，今后给整个中国的面貌所带来的后果就很难设想了。所以决不能让这种片面"求洋"的风气再扩大到我国广大农村和村镇里去了。

不要怕"土"

近几年来，我们有些同志的头脑里往往有一种概念，即：西方＝洋的＝先进的，中国的＝土的＝落后的。这种概念并不一定正确。举例来说，我国农村中比较广泛采用的窑洞，土坯墙和干打垒等生土建筑，应该说极"土"之能事了。但是这类生土建筑现在却受到世界上建筑界的高度重视，认为它们不仅造价低廉，而且冬暖夏凉，在建造过程中又不消耗能源，非常符合节约能源的原则，因此，特别是在第三世界国家中它是很值得提倡的一种建筑方式。这就说明了我们认为"土"的东西并不一定都是落后的，而且还可能是先进的，很富于生命力的。所以在我们的村镇建设中不要怕"土"，不要嫌弃"土"。

此外，在建筑艺术方面，更不要怕"土"。"土"并不是缺点，"土"就是乡土气息，就是本地风光，这些有什么不好呢？今天国外所谓"后现代建筑"

学派，不是也在提倡"风土建筑"吗？相反的那些不伦不类的洋式建筑既不能代表西方文明，更不能反映中国文化，倒是一无是处，甚至十分庸俗。当然我们的村镇建设应该现代化，但是，不能把现代化和民族化对立起来。我们要改变的只是农村的贫穷落后和不卫生的面貌，而我国广大农村原有的朴素的风貌，亲切的尺度，乡土的气息和地方的特色却都是我们丰富多彩的传统农村建筑的精华。我们应该爱护它们，珍惜它们，而决不应该抛弃它们或改变它们。大家都知道这样一个笑话：有一糊涂母亲给婴儿洗澡之后，在泼掉洗澡水时，把婴儿也同时泼出去了。我以为我们要是在村镇建设中，只注意现代化，而不重视自己的文化传统，那么我们也将犯那个糊涂母亲的同样错误。

（原载《村镇建设》杂志创刊号，1983年9月）

关怀残疾人，
开拓"无障碍"环境
——当前我国城市环境建设中的
一个新课题

城市建设和建筑设计中的一条重要原则是"对人的关怀"。这里的"人"是指所有的人，其中包括残疾人。我国是世界上人口最多的国家，我国各类残疾人的总数约为8000万，约占人口总数的8%。

我国《宪法》第四十五条规定："……国家和社会帮助安排盲、聋哑和其他有残疾的公民的劳动、生活和教育。"新中国成立以来，尤其是近几年来，我们在兴办残疾人的福利事业方面做了不少工作。通过各种渠道、各种方式对残疾人进行了安置，在劳动就业、生活保障和教育等方面给予了特殊的照顾。从今年4月1日开始的在全国范围内对残疾人的抽样调查工作正在展开。这在我国是一件创举，它将为今后更好地关怀残疾同胞创造必要的条件。

残疾人不仅要受到照顾，还要使他们能够顺利地进入社会、参与社会，使他们和健全人一样享有成长、学习、劳动、就业、创造、爱和被爱的权利，从而归回到社会生活的主流中去。

残疾人在日常生活中首先遇到的就是能不能在各种场所顺利通行的问题，所以必须清除在城市环境中一切不利于残疾人活动的物质障碍。这就首先对城市建设工作者，特别是建筑师们提出了一个新课题，那就是如何开拓一个便于残疾人同健全人一样参加社会活动的环境，也就是一个"无障碍"的环境。从60年代起，国外就开始制定便于残疾人出入和使用的建筑和设备的标准。1969年，国际康复协会为便于残疾人出入和使用的建筑物制定了"国际标志牌"。

1974年，联合国召开了残疾人生活环境专家会议，会上明确了："我们所要建立的城市是健全人、病人、孩子、青年人、老年人、残疾人等都没有任何不方便和障碍，能够共同的自由生活、活动的城市。"所以"无障碍"的要求，应该从一些建筑物开始，而逐渐扩大到整条街道、整个住宅小区，最后扩大到整个城市。

"无障碍"设计具体要求不外乎下列一些内容：室外和室内的地面都必须避免高低不平之处。地面上如有高差，则应设置坡道，不能仅仅依靠踏步。人行道牙上应留出设有坡道的缺口，建筑物的出入口应设在底层，以便人们从人行道平进平出。所有建筑物的出口、过道和门（包括电梯门、厕位门等）都应有足够的宽度以便利坐轮椅人的通行。所有门把手、公用电话、公用饮水池等设施的高度都应便于残疾人的使用等。总之，一切道路、建筑和设备的设计都要便于残疾人的来往、出入和使用。

从以上一些要求可以了解，"无障碍"设计并没有什么高深难懂的理论，也不需要什么复杂的技术和很大的投资。

近几年来，我国的建筑设计虽也开始注意多样化和现代化了，但迄今为止，建筑现代化好像反映在形式上比较多：例如，楼房越盖越高，建筑物的体形越搞越奇特、复杂，外墙玻璃面积越来越大，等等。而对建筑内容方面的现代化则不够注意。"无障碍"设计本应是建筑现代化的一个重要内容，可是我国至今也没有一座建筑是根据"无障碍"的要求而建成的。1976年的大地震，导致残疾人在唐山市人口中占了较大的比重，可是在规划重建唐山时，我们也没有在设计任务书中提出"无障碍"的要求。这不能不说是一个很大的失误。踏步是"无障碍"设计的大忌，可是至今还有一些公共建筑为了追求气派，而在门前搞了许多台阶，使残疾人和老年人望而却步。这种设计手法实在不应该再继续下去了。

"对人的关怀"这一条原则，首先应该体现在满足广大群众的使用需要上，可是过去我们在这方面往往考虑得并不够。例如在一些公共建筑，如火车站、候机楼等之内，贵宾室往往占用了很重要的位置和很大的面积，至于在人民群众中占一定比重的残疾人的特殊需要却没有得到应有的注意。此外，国内各地的不少公园和风景名胜等处都建造了贵宾接待室之类的建筑。它们往往都是体量偏大，标准偏高，而使用率则偏低。我建议今后对贵宾、外宾的优待应适可而止。不必"锦上添花"，而对残疾人，却应该"雪中送炭"！

"无障碍"设计不仅对残疾人是"雪中送炭"，而且对老年人也是"功德无量"，因为不少老年人也往往行动不便，步履艰难。由于经济水平和科学水平的不断提高，在世界上许多国家和地区，老年人的相对数和绝对数都在不断增长，人口老龄化已经成为一个突出的问题。我国也不例外，目前我国60岁以上的老年人已有8000万，因此今后不仅公共建筑应该满足"无障碍"的要求，而且在住宅建设中建造一定比例的专门供残疾人和老年人使用的"无障碍"住宅的问题也应该提到议事日程上来了。

北京市现有残疾人14万，老年人85万。1984年春，北京市建筑设计院研究所开始对"无障碍"设计进行了研究。首先他们对北京市残疾人的生活环境进行了抽样调查。调查结果发现残疾人在日常生活中所遭到的困难是健全人很难想象的。他们想去而去不了的地方有厕所、浴室等任何人日常生活中所必须去的场所。

1985年7月间，中国残疾人福利基金会、北京市残疾人协会和北京市建筑设计院在北京联合召开了可能在中国是有史以来第一次的"残疾人与社会环境"的讨论会。会上三个单位联合发出了《为残疾人创造便利的生活环境的倡议》，倡议书中提出了十项具体措施。这个倡议受到了北京市政府的重视和支持，并决定分期分批加以落实。首先决定由市民政局会同有关部门在王府井大街等街道和地段进行环境改造工作。改建工作的内容包括：在路牙上分段修一些坡道。两侧公共建筑结合现状，有选择地改建或加建坡道。一些公共电汽车站增设盲文路牌。十字路口增设音响指示器。在一些公共厕所内增设方便残疾人、老年人使用的简易坐式便器等，这些街道的改建工程完成之后将成为国内的第一批"无障碍"街道和地段，它们将对国内其他城市起一个示范和带头的作用。

值得高兴的是，在北京改建王府井和西单两条街的第一期工程，已于1986年5月正式完成。正在施工的东四人民市场新楼和在设计中的西单综合商业大楼等不少公共建筑均将按"无障碍"的要求而设计。上海也计划把南京路改建为"无障碍"街道，深圳市也开始要求它的公共建筑要符合"无障碍"设计的规定。此外，在建设部、民政部和中国残疾人福利基金会的领导下，北京市建筑设计院和北京市市政设计院已经完成了《无障碍设计暂行规定》的初稿。这个规定批准之后，将为今后我国进行"无障碍"设计提供统一依据。

可以相信，随着我国精神文明建设和物质文明建设的不断发展，"无障碍"设计将日益推广，各城

市中的"无障碍"环境将日益扩大。我国的城市建
设必将更为现代化和更富有"人民性"！

（原载1989年5月8日《建设报》）

宣传自己，提高自己，尊重自己

——写在建筑节之际

　　7月1日是世界建筑节。作为建筑师，尤其是作为一个中国建筑师，我为此感到非常荣幸。迄今为止，中国建筑师在社会上还没有获得应有的尊重，所以现在一个当务之急是提高建筑师的社会地位。这需要各个方面的共同努力，而其中最主要的是建筑师自身的努力，第一，宣传自己，第二，提高自己，第三，尊重自己。

宣传自己

　　中国建筑师之所以不受尊重的一个主要原因是广大群众对建筑师缺乏认识。他们不了解建筑师究竟干些什么工作，也不了解建筑师和工程师有些什么差别，因此有必要通过各种途径向群众做些自我宣传工作。应该让人们知道建筑师的重要性。建筑师工作的好坏往往影响到千家万户的日常生活，以及国家大量的建设投资、城乡的面貌，甚至于国家的形象！建筑师在工作中必须与结构、设备和电气等专业工程师，有时候，还有园林设计师、内部装饰家、画家和雕刻家等通力合作，并负责统一这些不同工种之间可能产生的矛盾。所以在西方，人们往往把建筑师比作交响乐队的指挥。此外，在适用、经济和美观之间，在设计本身和施工、建筑材料之间都存在各种矛盾，这些矛盾都需要建筑师运用他的学识、才能和修养来统筹兼顾地加以统一。

还应该让人们认识到建筑师的任务不仅是设计一些建筑物，而是为人民创造优美、舒适、高效率的劳动和生活环境，最后的目的是要改进社会、造福人类。这也是为什么西方人士把一些对世界和平和进步作出贡献的伟大政治家称为某某事业的"建筑师"或"总建筑师"。

提高自己

新中国成立以来，我国进行了规模空前的社会主义建设，建造了数量极大的各类建筑，而这些建筑的设计任务都是中国建筑师自己完成的，因此我们的成绩是有目共睹的，也是值得我们自傲的。不过也应该看到，总的来说，我们目前的建筑创作距离国际水平尚有一段距离。实际上，中国建筑师的基本功一般并不差，缺点是思想不够解放，思路不够开阔，在工作中，动手比较多，动脑筋比较少，注意构图比较多，注意构思比较少，因此许多设计流于平庸，缺乏新意。所以应该进一步解放思想，提高我们的理论水平和文化素养。因为缺乏正确理论的指导和较高的艺术修养，是不可能搞出第一流的建筑创作的。

在提高业务水平的同时，我们还应该提高我们的思想水平和改革水平。我们应该认识到我们的国家很穷，而建筑这一行业又最花钱。这是一个矛盾，我们每一个有良心的中国建筑师必须随时随地牢牢记住这一矛盾，并运用我们全部的聪明才智来统一这一矛盾，因此我们在工作中必须处处精打细算，把经济效益放在首要地位。决不可大手大脚，"慷国家之慨"，和"慷人民之慨"，要把搞创新，实现建筑现代化统一起来。

尊重自己

尊重自己就是要尊重建筑师这一职业，建筑设计当然有高低好坏之分，不过它和纯粹的工程技术不一样，一般不能用测算或实验等科学方法来作出判断。因此建筑师一定要实事求是，不要哗众取宠，更要勇于坚持真理，不要迎合投机，不要由于个人的利害得失，而作违心之论。只有这样，我们才能在城乡建设决策民主化和科学化的过程中发挥建筑师应有的作用。

总之，我们建筑师应该尊重自己，加强对国家和社会的责任感，才能赢得人们的尊重。

（原载1988年7月2日《科技日报》）

"华而不实"不可取

（一）

近十年来，全国各地，首先是北京的新建筑形式比过去丰富多彩了，"千篇一律"的批评也很少听到了。不过同行中也有一些议论，例如最近有位老前辈在来信中提到"……现在许多设计专'以奇制胜'，奈何！"另一位中年建筑师则认为现在有些建筑的形式是"哗众取宠"。看来现在的确有些建筑设计片面地重视形式，不是以新取胜，而是"以怪取胜"。可能这样做往往比较容易"取宠"于群众和领导，不过其代价却往往或降低了经济效益，或造成结构的不够合理，或在不同程度上影响了使用效果。

　　在当前城市建设中，高层建筑，尤其是塔式高楼，风行一时，各地到处涌现，有如雨后春笋。高层建筑经济效益之高低主要反映在其标准层的平面使用系数上，也就是在满足垂直和水平交通面积以及厕所管道等必要的辅助面积的条件下，使用面积（在商业性建筑中就是可供出租的面积）比例越大，经济效益就越高，否则就相反。我们有些建筑的面积并不太大，却硬要设计成塔式建筑。为了追求瘦高的比例（因为胖了就不像塔而像墩儿了），只好尽量压缩标准层的面积，以增加层数和高度。可是必要的交通和辅助面积又不能过分压缩，于是减少的都是使用面积，结果塔楼越高，其经济效益越低，两者适成反比例。因此任何一个真正的房地产商是决不肯投资建造这样的高楼的。

　　不能否认，建筑和结构，美观和适用与经济效益之间不是全无矛盾的。不过建筑师的职责就是要较好地统一这些矛盾。虽然必要时，为了美观，稍稍多花一些钱，在功能方面略作让步，结构对建筑作些妥协等也是无可厚非的，但是假如理直气壮地把美观和适用、经济完全对立起来，认为为了美观，为了创新，为了多样化，再多花钱也得认，再不合用也得容忍，结构再不合理也在所不计，那就错了。又何况建筑的美主要依靠建筑师的创造能力和艺术修养，不是用金钱来堆砌就能奏效的。钱没有少花，却并不美观，甚至还流于庸俗的建筑也是不乏实例的。

（原载1989年2月25日《北京晚报》）

（二）

片面追求形式、华而不实的作风并不限于建筑界，而是反映在我们生活的各个方面。例如近年来，由于政府的大力提倡，在全国各地，特别是在北京，城市绿化的成绩是非常突出、有目共睹的。可是其间也曾走过一段弯路。那就是在一段时间内，有些单位花了不少力量在亭台楼阁、小桥流水上大做文章，大肆宣传，而绿化的主要内容本应是大片的树木和绿地。所幸由于比较及时地发现问题，这个错误倾向已经及时得到纠正。我衷心希望我们建筑界的错误倾向也能尽快地得到纠正。当然这绝不意味着不要美观了，或者重新回到"千篇一律"的老路上去。

另外一些例子是在饮食方面。现在许多餐馆在冷拼盘上不惜工本，大做文章，在拼盘上做成龙啊、凤啊等飞禽走兽和花草等图案。这种"盘景式"的拼盘用在国宴或盛大宴会上是可以的，但是在一般筵席上，则不如把这份工本用在冷盘的内容上，对于食客来说，可能实惠得多。

前一时期，各种餐厅菜馆纷纷翻新门面，装饰内部。经过翻修，餐厅内外部固然焕然一新，可是它们的食品质量和服务质量却未必相应提高，而大大提高的只是价格而已。结果徒使顾客望洋（指洋式门脸）兴叹，不敢问津。

　　此外，我发现有些中药口服液的盒子面积奇大，超过其实际需要约一倍，而且盒子盖也印刷得富丽堂皇。这种"小题大做"的包装方法在国外一般只用于比较贵重的小件礼品。如今我们把药品也当作礼品来包装，结果徒然增加了药品成本和扩大储存面积，实在无此必要。

　　总之，我们国家目前还很穷，我们本应该长期坚持勤俭办一切事业，处处精打细算，事事讲求经济效益，可是现在社会上的风气却是重形式、摆排场、讲气派，爱做表面文章，忽视实际效益。这种华而不实的风气，如果不采取有力措施，尽快予以制止，而是任其泛滥，殊非国家之福也！

　　　　　　　　　（原载1989年2月28日《北京晚报》）

"高层"与"层高"
——当前住宅建设中的两个问题

在当前北京市的住宅建设中，我认为有两个问题值得探讨：第一个是"高层"，也就是高层住宅问题，第二个是"层高"，也就是住宅的层高问题。在这两个问题上，我认为高层住宅应该尽量少建，而住宅的层高则应该适当降低。但是迄今为止，本市高层住宅的建造似乎方兴未艾，而降低层高的努力则阻力重重，结果在住宅建设中，不该花的钱花了，可以省的钱没有省，一部分人迟迟住不上房子，还有一部分人住上了房子也感到不够合用。因此，有必要就此取得比较一致的意见，为多快好省地进行住宅建设而共同努力。

高层住宅问题

高层住宅很不经济

我主张少建高层住宅的理由是多方面的，其中最主要的是高层住宅不经济：

由于层数较多，高层住宅的结构造价和基础造价比多层住宅要贵。就每一平方米的建筑造价来说，在北京多层住宅最多不到100元，而高层住宅则约为165元，后者比前者高出65%之多。

高层住宅的电梯必须用电，还要有人操纵和维修，高层住宅的上水也必须用泵加压。这些都会增加高层住宅的经济费用，结果国家常年贴补的费用就更大了。

高层住宅必须使用电梯，它的交通面积要比多层住宅为多，多层住宅一般每户不超出53平方米，而同样居住标准的高层住宅却达到57平方米，比多层住宅每户增加了约4平方米。实际上也就是高层住宅的平面利用系数比多层住宅为低。

高层住宅由于层数较多，基础相应的也较深，所以施工周期总要比多层住宅长。住宅建设的施工周期太长，或者建筑本身虽然完成，而由于市政工程不配套，跟不上，长时期内住户搬不进去，都会造成资金或材料的长期积压，这也是一种浪费。

现在让我们算一笔账来比较一下：北京多层住宅的每户建筑面积一般为53平方米，每平方米造价不超出100元，国家投资最多不过5300元；高层住宅的每户面积约为57平方米，每平方米造价约为165元，国家投资约为9400元，比多层住宅贵4100元，这笔超出的投资可以用来多建41平方米多层住宅。换句话说，建造十户高层住宅的投资足够建造十八户同样居住标准的多层住宅，国家还可以节约有关电梯、水泵等的经常开支，节省能源消耗，住户也可以早日迁入新居。

高层住宅也不够适用

高层住宅在使用方面也不如多层住宅，对老年人不方便，对儿童也不合适。国外的调查发现，住在高层住宅里的儿童体力和智力发育都比一般儿童要差一些，甚至人们常年住在高楼上，心里也会逐渐不正常。这些调查可能有夸大之处，不过由于住高层住宅不方便而会带来一些问题，这是可以肯定的。

也许有人会问：高层住宅既然又贵又不好住，为什么在国外还是很普遍呢？的确，在60年代，高层住宅在国外曾经风行一时，但是经过了近十几年来的总结经验，许多西方国家已经很少建造高层住宅了。

电梯是我国高层住宅中的一个主要矛盾

垂直交通是高层住宅中的一个主要矛盾，这在我国高层住宅中更为突出。我国电梯的造价很高，而质量则往往较差。国外早已普遍采用自动电梯，而我们现在还不能，一因造价更贵，二怕使用不当，损坏电梯，或者造成事故，所以还需要用人操纵。为节省电和人力，过去北京一些高层住宅中的电梯一般只在上下班时间运行。平时住户们上下楼还得有劳双腿。至于电梯中途失灵也不是个别的。不能不用电梯，又不能多用，朝向还必须照顾，所以国外常用的高层住宅平面我们都不能套用。因而创造一些适用于我国的高层住宅设计，就成了我们设计工作者的一个难题。

高层住宅不是节约用地的唯一途径

北京有些同志主张多建一些高层住宅，主要是为了节约住宅建设用地，这个动机当然是无可非议的。不过必须指出，高层住宅并不是在任何条件下都可以节约用地。此外，住宅的用地经济与否不仅决定于它的层数，而且也决定于它的进深。多层住宅只要加大进深，同样也可以节约用地。相反，高层住宅的进深要是太浅了，其节约用地的效果也就有限。所以一座10米进深（这是我国一般高层住宅的进深）的高层住宅与同样面积的12米进深的多层住宅相比，其用地大致相同。而现在通过设计人员对节约用地的努力，我们的多层住宅的进深正在不断加大，所以在多数情况下，完全建造多层住宅也同样可以节约用地。

我只是主张少建一些高层住宅，但并不是要求完全不建高层住宅。在一些土地特别珍贵的地方，其他节约用地的措施都不能生效的情况下，少量地建造一些高层住宅也是合理的。

住宅层高问题

我们的一般建筑在面积定额、设备装修方面的标准都定得比较低，但是却有一个例外，那就是我们的民用建筑，尤其是住宅建筑的层高却高于国际的一般标准。现在国外一般住宅的室内净高都在2.4米左右，低的只有2.2米，而北京地区标准住宅的层数一般是2.7米。住宅建筑在城市建设中占了很大的比重，因此降低住宅层高不是仅仅几十厘米之差的一件小事，而是关系到国家住宅建设的大量投资是否能得到充分利用的一件大事。

降低住宅层高的好处

降低层高可以减少墙体材料，减轻建筑自重，同时又可缩短设备管线的垂直长度，因此可以从多方面减少工程造价。据统计，层高每降低10厘米，可以减少造价1%～1.5%。

在寒冷地区，降低层高可以缩小室内空间，从而节约取暖费用。

住宅之间的卫生间距与住宅的总高度成正比例。降低层高就可以降低房屋总高度，从而压缩必要的卫生间距，节约用地。据统计，在北京地区，住宅层高降低每10厘米，则每公顷用地上可以多建住宅250～300平方米。

墙身越高则越不利于抗震，这是结构方面的一个定理。所以在需要考虑建筑抗震的地区，例如京津唐等地就应该尽可能地降低住宅层高，以利抗震。

适当降低住宅层高，可以减轻住户上下楼的劳动。

降低层高之后，可以相应地减少楼梯踏步，从而缩小楼梯间的面积，必要时可以用一跑楼梯，从而为平面布置带来了较大的灵活性。

住宅层高未能降低的原因

首先有一部分同志有顾虑，担心住宅层高降低之后会影响室内卫生条件。其实居室内卫生条件是否良好，主要决定于是否有良好的日照与通风，不决定于室内高度上的几十厘米的差别。过去北京住宅有的高达3米，可是由于缺乏过堂风，夏天照样感到闷热。

其次是习惯问题。许多住户习惯于现有较高的室内空间，对于较低的层高开始会感到有些压抑，这是不足为奇的。但是人们的习惯也不是不能改变的。当然在降低层高之后，在设计方面也应该采取一些相应的措施，例如更好地解决通风问题，尽量扩大窗户面积等，以增加室内明快开朗的感觉。

最后的一个原因是，过去我们重视建筑经济不够，计算方式不够科学化。迄今为止，我们只控制建筑面积，而不控制建筑体积，只算面积的账，不算体积的账，更不算经常费用的账和用地的账。这也使人们容易忽视建筑空间的浪费，因而不急于降低建筑层高。

有些同志认为国外住宅层高较低的原因是他们有空气调节的设备。事实并非如此。在国外，较低的住宅层高是普遍的，但是有空调设备的住宅却并不是同样的普遍，即使在发达国家中也不是家家户户都有空调设备的。事实上住宅层高的降低开始于半个世纪之前，而空调设备在住宅中的应用却是比较后来的事，所以空调设备并不是降低层高的先决条件。

降低层高是为了提高住宅的使用价值

现代住宅建筑的一个特点就是空间比较紧凑，设备则相当完善。相反的，我国住宅的空间是高而不当，而设备却比较简陋。如果把层高降低一些，然后把节省下来的投资用来改善住宅内部的设备，或者稍稍增加一些居住面积，那么，国家并没有多花钱，而住户则可以收到实惠。

北京市建筑设计院最近设计了一套新的住宅标准图，室内净高保持为2.53米（此数按国际标准来说，还是上限）。但它在其他方面与现在最常用的标准住宅设计相比是：每户居住面积增加了1.5平方米；卫生间面积也稍有增加，里面除了恭桶之外，又增加了一个手盆和一个小澡盆；厨房内又配备了一个碗柜和一个吊橱；而每户的预算总造价却反而要便宜77元。而且每户都有过堂风。

总之，降低层高固然是为了提高住宅的使用价值，少建高层住宅亦是为了多建一些更为适用的住宅。两者都是为了使我们的住宅建设真正能做到多快好省，以便较快地改善我国人民的居住条件。

（原载1979年9月8日《北京日报》）

高层化是我国住宅建设的
发展方向吗？

一、高层住宅问题很大

住宅建设关系到千家万户的日常生活和国家的大量投资，因此是有关国计民生的大事。十一届三中全会以来，全国各城市住宅建设的规模逐年扩大，这首先是一件大好事。值得注意的是在有些大城市中大建高层住宅之风日盛一日。在北京一地迄今为止已建和将建造的高层建筑已有990幢之多，其中大部分是高层住宅。根据北京市近十年来有关批准建造城市住宅面积的统计，在这十年的前三年中，也就是1977～1979年，在平均全年批建住宅的总面积中，高层住宅所占的比重为10%～15%，在高层住宅中，塔式高层所占的比重为10%～30%。到了最近三年，也就是1984～1986年，高层住宅的比重已提高到平均约为45%，而塔式高层的比重则已提高到平均为75%，也就是约3/4了。因此到处塔楼林立，有如雨后春笋。结果不但建设投资大大增加，居住环境质量却有所下降，而且还严重地影响北京的城市风貌。因此，住宅高层化是否是我国城市住宅建设的发展方向值得郑重和认真的商讨。

高层住宅的一个突出问题就是太不经济，这表现在三个方面：第一是一次性投资大，和多层住宅相比，它的单方造价高，平面使用系数低（就北京而言，同样标准的职工住宅，多层住宅的平均每户建筑面积为56平方米，而高层住宅则为62平方米）。这一高一低两个因素加在一起，就使每一户高层住宅的土建投资几乎接近多层建筑的2倍，至少是1倍半。第二是建设周期长，约为多层住宅工期的2倍。这十分不利于资金周转，因而大大降低了投资效益。第三是日常性费用高。高层住宅的管理费用和用电量比多层住宅要高得多。北京前三门大街高层住宅的全部房租收入只够付它的电梯费用。这不仅浪费了财力，而且也浪费了能源。高层住宅也不适用。首先是不便于老人和儿童的使用，减少了他们和户外接触的机会。其次是电梯的维修、停电和不能全日服务等因素也经常为住户造成不便和困难。国外的调查还发现高层住宅里的儿童体力和智力发展都要比一般儿童低一些。美国的统计还证明高层住宅里犯罪率和它的层数成正比例。高层住宅还往往造成城市人造风，因而影响室外环境质量。此外由于高层住宅成本太高，对于推行住宅商品化更为不利。以上这些问题都是有账可算，有事实为据的。因此就不在此多说了。

二、高层塔式住宅问题更大

建筑设计中的一条基本原则就是"对人的关怀"。日照和朝向是和住户的健康卫生有关的重要问题。在我国南面是最好的朝向，所以从来人们就爱住向阳的"北房"。新中国成立以来，全国各地所建的多层单元式住宅基本上都保证了每户至少有一间向南（有时候退而求其次则向东）的房间。而能否满足这一条件就成了评价一个住宅设计合用与否的一个重要标准。但是令人着急的是随着高层塔式住宅的大量增加，这个优良传统正在遭受破坏。这是因为在这些塔式住宅中，每层总有一两户是向北或向西的，有些住户号称"向南"，但是由于建筑平面或总平面的限制，实际上只有上午或下午半天的日照，而全天能够享受南向日照的住户在每层往往只占较小的比重。所以可以说，高层塔式住宅对人很不关怀！

建造塔式高层住宅的一个理由是它有利于"见缝插针"地建造住宅，不过"见缝插针"本身就不是一个正确的建设方针，因此今后将不再允许这样做了。另一个理由是它比板式高层住宅更为节约用地。不过应该指出，塔式高层住宅之所以更节约用地，是采取了"以邻为壑"的办法。也就是牺牲了邻近住宅的日照时间所换来的。现在的建筑规范允许塔式高层住宅与它后面的住宅之间的卫生距离可以比板式住宅减少一些，其理由是塔式高层的面宽较窄，而它的阴影从早到晚又在不断移动，所以在它后面楼中的住户每天只有一段时间受到它的遮挡，因而也就认了。而随着塔式高层住宅的体量的日益扩大，后面住户的受害范围也将随之而扩大。尤其现在北京盛行像香港一样成组成团地建造塔楼，而塔楼一般都是采用前后错开的布置方式，可是阳光只有中午一段时间是正南向，其他时间都是偏东或偏西，因此，这些塔楼互相遮挡，结果进一步减少住户的日照时间。

此外，高层住宅的造价高，系数低，而塔式高楼则更甚，因此可以说，在各种住宅类型中，高层不如多层，塔式高层又不如板式高层，而成组成团的塔楼则最差。可是我们却偏偏把成组成团的塔式高层看作解决城市住宅建设的一个主要方式，整个小区规划往往重点考虑的是这些塔楼组群的构图问题。这样做是否对头，值得怀疑。

不仅如此，这些体形、立面处理和用料方面都是大同小异的，塔楼正在形成一种新的"千篇一律"。它比多层建筑所形成的"千篇一律"为害更烈，因为它们不仅同样的单调呆板和乏味，而且还严重地破坏北京城的天际线，从而使北京看起来更像畸形发展的商业城市，而不再像一个世界上数一数二的历史文化名城。

实际上，世界各地中成组成团地建造塔式高层住宅的恐怕也就数中国香港了，香港的住宅建设很有成就，有许多方面值得我们学习，但是它大量地建造塔式高楼，却是由于土地太少，人口太多，不得已而采取的"下策"。据了解，在香港地区政府投资建造的住宅小区的平均人口毛密度为每公顷2700人，而一些私人投资的住宅区密度有高达四千多人的。我国内地各城市所要求的住宅小区的平均人口毛密度要比香港低得多，就北京而言，总体规划要求的住宅小区平均人口毛密度每公顷最多为800人，只有香港住宅小区密度的1/3还不到，我们又有何必要跟着香港出此下策？

三、高层住宅并不一定节约用地

不少主张建造高层住宅的同志也承认高层住宅存在的一系列问题，但是却认为为了节约城市建设用地，高层住宅还是必要的。他们又说，高层住宅虽然增加了投资，但是节约了土地，而现在土地的价格很高，所以算起总账来，还是上算的。这些说法听起来似乎很有道理。因此它们给人们一种错觉，好像主张控制建造高层住宅的人不懂得节约用地，或者至少是只会算小账，不懂算大账。

事实并非如此，要求控制建造高层住宅绝对不等于反对节约用地，也不是绝对不让建造高层住宅。必须明确的是高层住宅并不是节约用地的唯一措施，更不是最好的措施。至于算账，要考虑经济效益，当然要算账。问题是过去账算得太少了。例如，迄今为止住宅小区的技术经济指标中只包括每公顷的建筑密度和人口密度等，但是整个小区的总投资多少，和平均每户的投资多少这些重要的经济指标却独付阙如。我曾经再三呼吁，为了便于评比不同小区方案的经济效益，必须在技术经济指标中补充这两个指标，可是就是没有人听。1979年北京塔院小区的竞赛方案中有两个方案的各项用地经济指标几乎都是一样的，所不同者，其中一个方案全部是多层住宅，另一方案却有54%的高层住宅，因此后一方案的投资肯定要比前一方案大得多，可是它却被选中了作为实施方案。我想当时要是评审员考虑到两个方案在经济效益方面的巨大差别，考虑到勤俭建国的方针，他们可能会作出不同的选择的。总之在人口密度基本相同时，评比不同住宅小区方案的经济效益是比较容易的，因为从住宅区总投资和平均每户投资这两个经济指标上立即可以反映出来。

当然，也会有这样的情况，就是有的方案的高层住宅的比重大，住人也多，另一个方案高层住宅的比重少，或者没有，不过住人也少，那么究竟哪一个方案的经济效益更高呢？这就需要算一算账了，首先算一次性投资的账，这主要包括土建、设备、室外工程的造价和地价（其中包括土地征购费和拆迁费用等）。不过这还不够，日常性费用的账（包括用电、用水和维修费用等）和施工周期的账也必须要算。尤其最后一笔账更必须要算，因为住宅建设需要大量的投资，这笔资金的利息十分可观，决不能避而不算啊！

下面再让我们从北京已建住宅小区的实例中来研究一下高层住宅是否都真正起到了节约用地的作用。这里附有一张表（表1），上面罗列了北京10个已建住宅小区的有关用地的经济指标，所以选择这些小区，是因为除了方庄之外，它们的建筑毛密度都在每公顷10000～11000平方米，这样就便于评比经济效益。从这张表里可以发现，尽管居住建筑毛密度都差不多，但是它们的高层住宅的比重却相差很大。其中比重最低的是刘家窑和古城北两个小区，它们高层住宅的比重是零，也就是全部都是多层住宅。

最高的是塔院小区和双榆树小区，它们的高层住宅的比重分别为55.5%和53%。同样建筑密度的小区，而其高层住宅的比重竟相差到50%以上！不仅如此，就每公顷的人口毛密度而言，刘家窑和古城北小区分别为每公顷676人和672人。而塔院和双榆树小区的人口毛密度却分别为每公顷648人和667人。由此可见，后两个小区的高层住宅的比重虽然大大地增加了，而人口毛密度却反而减少了，这是高层住宅使用系数低所造成的后果。表1上最后一个小区——方庄小区的高层住宅的比重竟高达87%，建筑毛密度为每公顷16000平方米，而人口毛密度却只有682人，和全部多层住宅的刘家窑和古城北两小区差不多。当然表1上所列的10个小区的具体情况也不完全一样，例如刘家窑小区内绿化面积较少，这就有利于提高建筑密度，方庄小区内有一小部分住宅的面积标准较高，这就相应地降低一些人口密度。尽管如此，这些不同之处也不应该在高层住宅比重方面造成87%这样大的差别啊！

北京市已建的10个住宅小区密度比较表 表1

序号	小区名称	居住面积毛密度（平方米/公顷）	人口毛密度（人/公顷）	高层住宅比重（%）
1	刘家窑	10046	676	0
2	古城北	10377	672	0
3	劲松1期	11663	730	26
4	团结湖2期	11123	729	28
5	莲花河	11129	727	35
6	团结湖1期	10677	702	34.9
7	左家庄	11018	670	36.2
8	双榆树	10770	667	53

序号	小区名称	居住面积毛密度（平方米/公顷）	人口毛密度（人/公顷）	高层住宅比重（%）
9	塔院	11190	648	55.5
10	方庄	16000	682	87

注：为了便于比较，平均每户人口按3.5人计算。

　　总之，北京近十几年住宅建设的发展趋势是高层住宅的比重逐年增长，过去北京的住宅基本上都不超过6层，十几年前开始有了高层住宅，其比重也不超出30%，其后却增加到了50%左右，最近几年内竟出现了87%这样的高峰比重。其结果是建筑密度和人口密度在有的小区是相应地提高了一些，而在不少小区却并没有随之而增加，有的甚至于反而降低了。以上这些实例最具体地说明了一个问题，那就是高层住宅的比重和密度在实践中并不是总是成正比例的，许多高层住宅并没有都起到了应有的节约用地的作用，因此建造这些高层住宅是完全没有必要的。

四、建筑高层化并不等于城市现代化

我以为许多同志（包括决策者和设计工作者）热衷于建造高楼，主要还不是为了节约用地，而是为了使中国的城市快些实现现代化。因为在他们的心目中，城市现代化就需要建筑高层化，我这样说并不是没有依据的。因为在北京、上海等大城市建造高层住宅可能是为了节约用地，而国内一些中小城市用地并不十分紧张，却也要建造高层住宅，这又是为了什么呢？例如安徽省合肥市就计划在市中心区建造一幢40层的办公楼和五六幢20层的塔式高层住宅，甘肃兰州规划在黄河边上要建五十幢高层住宅，并已建成了三四幢。山西省的阳泉市则已经建成了五幢12~18层的高层住宅，而那里的城市人口却只有46万人！在地广人稀的石家庄的市中心也耸立着两幢塔式高层住宅。据说楼里的住户还需要用电梯来搬运煤球上楼。建造这些高楼的目的就更难说是为了节约用地了。

应该承认建造这些高层住宅的动机也是为好，不过也应该知道高层住宅虽然常见于国外的一些现代化城市，但是它们并不是现代化城市的必要标志。最近去世的美籍华裔建筑师孙鹏程先生早在1982年回国访问时就曾谈道："国外的高层建筑有国外的条件和问题，祖国不能盲目照搬，切不可认为高层建筑就是现代化。"

那么现代化城市的必要标志不是高层建筑又是什么呢? 据我了解，这些标志一般包括下列五个方面：（1）高效能的城市基础设施；（2）高水平的城市管理工作；（3）高质量的生态环境；（4）高度社会化的分工和合作；（5）高度的精神文明。其中并不包括高层建筑，而这并不是一个偶然的遗漏，实际上现在国外许多城市都是禁止建造高层建筑的，不过它们却又都是世界上第一流的现代化的城市。

相反的，要是一个城市存在着交通运输不便，供电供水不足，通信设施落后，环境污染严重，市民缺乏文明礼貌等问题，那么高楼大厦再多，也算不上现代化的城市的。因此我们假如有钱花在点缀门脸的高楼大厦上，就不如把这些钱花在更有急迫需要的城市基础设施和改善生态环境等方面，只有这样我们的城市才能早日实现真正的现代化。

一位曾经在我国工作过的英国记者在她所写的一篇评论我国当代建筑的文章中有下列一段话："……'文化大革命'影响了一代人的审美观。如今，这种极端做法使很多中国人幡然醒悟，但同时他们却走向了另一个极端，即盲目崇拜西方。新建的高层建筑正体现了这个问题。高层建筑在发达国家比比皆是，成为现代化和繁荣昌盛的标志。中国与其说非常需要高层建筑，不如说愿意使之成为地位的象征。这不是需求问题，而是中国人看得最重的脸面问题。"现在我们正在努力探索自己的建设道路，上面这些话可能值得我们思考一番。

五、国外的经验教训值得借鉴

去年9月26日《建设报》在头版上登载了一条报道，题目是"少盖高层住宅，打破千篇一律"。说这些话的是一位保加利亚建筑师，他曾经任索菲亚市长，保加利亚城市建设部长，是上届国际建筑师协会的主席。因此可以说是国际建筑界的权威人士。他在访问北京时对我们提出了在城市里最好少建高层住宅，而应多建多层住宅的意见。外国建筑师的这类意见在国内公开见报的这可能是第一次，不过实际上长期以来几乎所有到过我国访问的外国建筑师都曾提出了类似的意见。例如一位1983年曾来我国访问的瑞士建筑学家就说："中国在住宅建设中不要再走瑞士等西方国家的弯路。我们开始时，都建高层，现在则要建造低层了，希望中国不要多建高层住宅。"同年访问中国的一位荷兰建筑师则说："高层建筑问题不少，欧洲一些国家早已不盖高层建筑了。"

为什么这么多来自不同国家的建筑师都众口一词地劝告我们少建或不建高层住宅呢？这是因为近三十多年来，国外，特别是西欧国家，包括英国、法国、联邦德国、瑞士、瑞典等国通过大量的实践，发现高层住宅存在的问题很多，而且也并不一定节约用地，因此许多城市就不再建高层住宅了。九年前我就曾在巴黎附近看到一些高层住宅盖了几层之后，就不往上继续盖，而中途改建为多层住宅了。最近清华大学李道增教授在英国访问时，在四五个城市里都曾看到一些高层住宅正在被炸毁。炸毁高层住宅在美国曾有前例，那就是美国圣路易斯市，曾于1957年建造了一大片高层住宅，可是建成后，发现缺点很多，尤其是犯罪率很高，造成了严重的社会问题，最后只好于1976年把这些高楼全部炸毁！想不到这竟不是一个孤立的例子。这也说明了在国外高层住宅之不受欢迎到了什么地步！在60年代联邦德国由于受美国的影响，曾经大建高层住宅，尤其在西柏林建造得最多，但是后来通过实践联邦德国建筑界普遍认为是犯了一次历史性错误，因此联邦德国在70年代就基本停止建造高层住宅了。中国建筑界是否也正在犯历史性错误呢？希望我们大家认真地思考一下。

有人说，国外反对高层住宅也许是对的，但是我国有我国的具体情况，因此没有必要跟着外国亦步亦趋。这种说法也是似是而非的。这是因为高层住宅的缺点，如不够适用，不够经济，以至于层数提高了，而密度并没有相应的提高等问题，在国外的高层住宅中存在，在我国的高层住宅中也同样的存在。不过在这"大同"之下，也有些"小异"。那就是西方国家反对高层住宅主要从适用的角度出发。他们习惯于往那种前庭后院的低层住宅，因此对高层住宅在使用方面的一些缺点就更不能容忍。这些缺点在我国的高层住宅中不是不存在，不过当前我国的住宅建设首先要解决的是有无问题，住户对适用方面的要求并不太高，所以在我国不宜大量建造高层住宅的主要理由是经济方面。当然，在国外高层住宅也比多层住宅造价高，而在我国这个差价就更大。可是我国当前的财力物力则又远远不如一些西方国家。因此在一些西方国家，高层住宅主要是"不好住"的问题，而在我国主要则是"造不起"的问题。如果根据各国的具体情况来看待高层住宅问题的话，那么中国就比一些西方国家更有必要来反对高层住宅！因此大建高层住宅可能是赶"时髦"，一种已经过了时的时髦，而反对大建高层住宅却并不是赶"时髦"，而是结合我国具体情况，借鉴国外经验教训而得出来的应有结论。

六、改进多层住宅也可以节约用地

前面谈到，控制高层住宅的建造决不等于不要节约用地。应该节约用地。不过我以为不应该把节约用地和适用、经济这两个设计要素对立起来，为了节约用地就不讲经济，不顾适用。更不应该以节约用地为名而大建高层住宅，结果密度并未提高，相反的，投资效益却大大下降。此外，节约用地应有合理的限度，并不是密度越高越好。

中国的住宅小区的合理密度应该取决于我国各城市的具体情况和规划要求。因此我建议我国的城市住宅建设应该提倡"多层、高密度"的住宅小区规划。现在许多西方国家的小区规划都已经从"高层、高密度"转变为"低层或多层高密度"，这并不是偶然的，而是他们总结了高层住宅的失败教训而得出的经验。

多层住宅要达到高密度的一个主要措施就是加大房屋进深。过去我国各地的住宅标准设计的进深都较小，一般都在10米左右，有的甚至于只有8米进深。所以加大进深的潜力是比较大的。早在十年前，针对当时国内已开始出现高层住宅的情况，我就曾提出"少建高层，改进多层，利用天井，内迁厨厕，加大进深，压缩面宽，节约用地，节省投资"的建议。自此之后，全国各城市陆续建造了相当数量的小天井、大进深的多层住宅。仅仅北京一地，已经建成的小天井、大进深多层住宅就有200

多万平方米，这些住宅的进深为14米多，因此它们节约用地的效果是比较明显的。清华大学建筑系的师生曾对北京住宅区的密度问题做过很有价值的科研工作，他们假设了一块较有代表性的，面积为20公顷，地形正方的住宅区基地，在这基地上选用了一些北京市广泛应用的住宅通用设计，以不同的布置方式做成了各种不同的小区规划方案，用来分析研究住宅层数和小区密度之间的定量关系。所选择的住宅类型包括多层（10.76米进深）、大进深多层（14.72米进深）、板式高层和塔式高层。布置的方式包括行列式和由行列式加上少量东西向住宅组成的混合式以及多层加高层的方式等。我摘录这项研究成果的一小部分组成了表2。从这张表里可以发现只建造大进深多层住宅，而完全不建高层住宅，小区的建筑毛密度就可以分别达到每公顷725人（行列式布置时）和784人（混合式布置时）。而假如我们采用混合式布置的大进深多层住宅，再加30%的高层住宅时，小区的人口毛密度就可以高达每公顷820人，而北京市总体规划要求的小区人口毛密度一般是每公顷600～800人。此外，从表里又可以发现，多层住宅再加上30%的高层的3号方案和全部大进深多层住宅的4号方案相比，其建筑密度几乎是一样的。前者为每公顷11558平方米，后者为11548平方米。每公顷的人口密度，则前者为688人，后者为725人，后者比前者还多37人。从表里还可以发现，在小区内少量建造一些东西向住宅和建造30%高层住宅效果相比，其人口毛密度几乎是相同的。例如混合式大进深住宅的5号方案是每公顷毛密度为784人，而行列式大进深的住宅再加上30%的高层的6号方案的密度则为780人。密度基本相同，可是6号方案的总投资却要比5号方案大得多。以上这些比较都说明了高层住宅并不是节约用地的唯一办法。采用下列一些措施：首先是增加多层住宅的进深，再在小区内少量建造一些东西向住宅，必要时再加上少量的高层住宅（一般不宜超出30%），基本上就可以满足我国一般城市密度的要求，因此大比重的建造高层住宅就完全无此必要了。

各种不同设想的小区规划的密度比较表　　　　　　表2

方案编号	住宅类型和布置方式	居住建筑毛密度（平方米/公顷）	人口毛密度（人/公顷）	高层住宅比重（%）
1	多层行列式	10243	627	0
2	多层混合式	10618	663	0
3	多层行列式+30%高层	11558	688	30
4	大进深多层行列式	11548	725	0
5	大进深多层混合式	12525	784	0
6	大进深多层行列式+30%高层	12917	780	30
7	大进深多层混合式+30%高层	13949	820	30

上海和天津都是人口密度很高的我国数一数二的大城市，而且市内原来就有较多的高层建筑，

因此它们可能比国内其他城市更有理由来建造高层住宅。可是据说上海已经把新建高层住宅的比重限制在20%～30%，而天津则已完全禁止建造高层住宅。我以为它们这些做法是很值得国内其他城市，特别是我们北京借鉴的。

当然，小天井、大进深多层住宅目前存在着一些问题，例如下面几层厨房光线不足，通过内天井各户的厨房串味等。不过这些缺点都是可以改进或减轻的。例如下面几层的厨房就干脆利用人工照明，其用电量比起高层住宅的电梯用电量来说是微乎其微的。小天井串味的问题也是可以用机械排气的办法来解决的。内天井传音的缺点通过天井墙面的处理至少也是可以减轻的。此外大进深多层住宅还可以采用开敞式的内天井，这样做的结果，进深可能做不到14米之多，但是内天井带来的这些缺点就可以完全避免了。甚至于也可以考虑像国外那样采用内厨房，我们现在对于内厕所和内浴室不是已经习以为常了吗？我相信，只要把通风设备搞好，内厨房也会被接受的。总之节约用地的措施是多种多样的，大进深的住宅设计也可以是多种多样的。我深信，只要我们建筑师在大进深多层住宅设计中，多下一些功夫，又假如基建单位肯把浪费在不必要的高层住宅上的投资移用其中一小部分来改进多层住宅的设备，我们完全有条件建设一些很出色的"多层、高密度"的住宅小区，我们一定可以把我国城市住宅建设的经济效益、环境效益和社会效益大大地提高！

七、现在是明确方向的时候了

最后再重复一下，城市住宅建设必须重视节约用地，这是没有异议的。不过是否有必要为此而大量地建造高层住宅，也就是采用"高层、高密度"的方式，却很值得郑重探讨。因为这样做对于国家财政和人民生活都有严重的影响，因此是住宅建设中的一个方向性的问题。我衷心希望广大居民和各有关方面其中尤其是住宅建设的决策者们都来关心和重视这个问题，必要时应该组织认真的科学论证，以便作出正确的选择，而不要沿错误的道路继续走下去了。只有这样，我国城市住宅建设才能既保证居住环境质量，又能提高投资效益，从而加快解决住房问题。

（原载1987年7月《建设报》和《建筑学报》
1987年第12期）

多层和高层之争
——有关高密度住宅建设的争论

从70年代高层住宅开始在中国出现以来，就有了是否应该在中国大量建造高层住宅的争论，我是卷入这场争论较深较早的一个人。长期以来眼看全国各地，特别是在北京大建高层住宅，为住户造成许多不便，为国家增加了大量不必要的建设投资，还破坏了一些城市，尤其像北京这样历史文化名城的面貌。心中十分着急，徒感人微言轻，必余力绌。近两年来，大兴高层住宅之风终于开始转向了，宽慰之余，回顾过去，瞻望将来，写成此文。

每个建筑师都应该关心住宅建设

    住宅建设关系到千家万户的日常生活和国家大量的投资，而且还影响城市的面貌。可是，过去许多建筑师往往愿意设计大型公共建筑，而对于居住建筑设计兴趣不大。近十年来，不少建筑师更热衷于设计旅游宾馆和贸易中心等涉外工程。

    新中国成立前，我在上海、南京等地曾设计过不少私人住宅，不过这是为少数达官富商服务的。中华人民共和国成立后，我终于有机会以自己的一技之长来为广大劳动人民服务了。早在1953年我就主持设计了北京三里河和百万庄两个住宅小区，总面积共有20万平方米之多。由于自己缺乏设计这样大规模住宅区的经验，这些工程存在许多不足之处，但是它们却是中国有史以来两片规模最大的住宅区，它们说明了我们的党和政府从新中国成立初期开始就十分重视住宅建设。

多层或高层、高密度住宅
是一个方针性问题

此后，国家每年都要建造大量的住宅，到了70年代早期，北京就开始建造高层住宅。我国的住宅建筑从低层发展到多层，再到高层，这可能是一个进步，不过，我当时就预感到这同时也是一个值得注意的倾向。这是因为高层住宅问题很多，尤其是它的单位造价高，平面使用系数低，施工周期长，经常管理费用大，能源消耗多，所以经济效益特别差，因而对我国这样比较贫穷的国家就更不相宜。而且60年代在西方各国通过大量的实践，已经证实高层住宅很不可取。因此都纷纷禁止或控制高层住宅的建造，这个教训值得我国引为前车之鉴。所以，于1977年开始我就呼吁在国内不要盲目地大量建造高层住宅，并建议用改进多层住宅的办法来提高建筑密度，从而节约建设用地。我的呼吁受到了当时国家最高领导人的注意，于1977年12月作了如下的批示："这是全国各城市中的一个方针性问题，似可以从北京研究起。""高密度"住宅问题被提到了一个方针性问题的高度，说明了这个问题的重大意义，因此值得我们城市建设工作者，特别是决策者认真研究。

1978年初我在《建筑学报》第1期上发表了题目为《改进住宅设计，节约建设用地》的文章，文中分析了高层住宅中存在的各种问题，指出它是节约用地的一个途径，却并不是唯一的途径，更不是最好的途径，因此不宜大量建造，并建议用加大多层住宅的进深和改进它们的横剖面来节约住宅建设用地，最后我把我的意见归纳为8句话："少建高层，改进多层，利用天井，内迁厨厕，加大进深，缩小面宽，节约投资，节省用地。"文章写得不够全面，不过它可能是国内第一篇比较系统的论述高层住宅的缺点，并建议要提倡"多层、高密度"住宅的文章。

令人遗憾的是，此后国内各城市仍在继续建造高层住宅，但是我并不灰心。出于一个建筑师对社会、对国家的责任感，我坚持利用一切机会来宣传我的观点。我在各种会议上呼吁要控制高层住宅建设的发言次数实在太多，记不清楚了。我在报纸杂志上所发表的这方面的文章先后约在二十多篇。下面我把其中几篇比较主要文章的内容扼要地介绍如下。

《层高与高层》

1979年9月间我在《北京日报》发表了一篇题目为《层高与高层》的文章。文中我提出了两个建议，第一个是针对当时住宅层高普遍偏高的情况，建议要降低住宅层高，以节约建设投资。感谢各有关方面的支持，北京职工住宅的层高已从早先的3.3米，逐步降低到现在的2.7米。请不要小看这小小几十公分的高度，由于北京每年要建几百万平方米的住宅，降低层高所节约的投资统计起来为数是十分可观的。第二个建议是针对北京高层住宅日渐增加的情况，建议要控制高层住宅的建造，这个建议比第一个建议更为重要，可惜它却没有像第一个建议那样及时地得到支持，我想要是在当时，也就是十多年之前，我这个建议能够得到比较积极的反应的话，那么北京的住宅建设不仅可以节约大量的投资，而且北京的"古都风貌"也会比现在保存得更完美。

北京是世界上数一数二的历史文化名城，它的特色之一就是非常优美的、富于水平感的天际线，这个天际线把故宫、景山、天坛和北海等建筑烘托得更为出众，可是近十多年来，雨后春笋般出现的高层建筑已经破坏了北京原来的天际线。人们乍到北京，竟很难分辨它是香港或是新加坡了，1988年我在法国参加一个有关建筑创作的国际学术会议，我在报告中放映了两张北京的鸟瞰图，是从昆仑饭店屋顶上拍的，画面上高楼林立。台下看了顿时哗然，纷纷指责我们把美丽的北京城破坏得面目全非了，作为一个中国人，特别是作为一个中国建筑师，我为此感到十分难堪和惭愧！

"高层住宅必须三思而建"

1984年《红旗》杂志第22期上登载了我的题目为《高层住宅要三思而建》的文章，这个题目也是我经过"三思"而选定的，这是因为我过去批判高层住宅时，常常有人说高层住宅不能完全否定。其实我所要求的只是严格控制，而不是完全禁止。所以我想通过这个题目来再一次声明，我并不主张绝对禁止建造高层住宅，而只是希望决策者们能在决定建造高层住宅之前再三思考一番，不要盲目建造而已。此外我的所谓"三思"还有一个含义，那就是要思考三个效益：即经济效益、环境效益和社会效益。因为高层住宅的这三个效益都很差，因此只要考虑到这三个效益，就可以大大减少建造高层住宅的盲目性，我非常感谢当时《红旗》杂志的编辑部能用他们宝贵的篇幅来发表一个群众的呼声，我曾把这篇稿子先寄给人民日报，为了做到"图文并茂"，还请华君武同志给我配了一张漫画，不过名家的艺术作品也挽救不了我的文章被退稿的命运。

大建高层住宅之风，继续劲吹

到了1987年北京住宅建设中的高层住宅的比重越来越高。已从最初的10%左右提高到了45%以上了。而且有些中小城市也建造起了高层住宅，这样大建高层住宅之风不仅不利于住宅建设，而且还十分不利于住房改革，因为住房改革困难很多，而其中最大的一个困难就是房价太高，而一般职工经济承受能力太低，这是一个不大好解决的矛盾。因此假如完全按经济规律办事，出卖房子，则人们买不起；出租房屋，则人们付不起租金，而高层住宅所需要的投资则又远远多于多层住宅，因而更扩大了这一矛盾。现在一方面要进行住房改革，另一方面又在继续大建高层住宅，岂不是自相矛盾，自找麻烦吗？

看到以上这些情况，我实在不忍坐视，因此又写了一篇长文，题目为"住宅高层化是我国住宅建设的发展方向吗？"，先后发表在1987年7月的《建设报》、同年的《建筑学报》的第12期和1988年《城市规划》第1期上。

大建高层住宅之风开始转向

1987年7月底，当时城乡建设部部长叶如棠在致戴念慈、周干峙和林志群三位有关同志的信中曾说："高层住宅确是到了非控制不可的地步了，与其说这是个学术问题，不如说首先是个政策问题"。寥寥数语可称一针见血！同年12月当时的城乡建设部终于发出了650号文件，明确要求各城市必须控制高层住宅的建造。事实上在此之前，天津市的高层住宅早已受到严格控制。上海市过去对于高层住宅在全部新建住宅中的比重也早已有一定的限制，最近更明确地表示"今后在旧市区不要再建高层了，要恢复上海原有花园洋房的面貌"。北京近两年来也一再表示，要在市区内严格控制高层住宅的建设。今年（1990年）1月17日北京市人民政府正式公布了《关于严格控制高层住宅建设》的规定。

今年（1990年）3月间全国政协七届第三次会议召开了记者招待会，会上就有记者问："在解决城市居民住宅困难问题上，政协委员如何发挥作用？"政协委员、著名城市规划专家郑孝燮回答说："……在许多城市里，居民居住条件还很差，相当拥挤，我们政协委员不仅要把这些情况反映给政府，而且提出了一些解决问题的方案。比如这些年高层住宅建得较多，但它投资较大，而且并不完全适用。我们建议搞一些多层、高密度的住宅，这种建筑在节约土地和节约投资方面都比高层住宅更为经济。""多层、高密度"住宅这一名词终于出现在全国政协会议的讲坛上了。

今年（1990年）6月间，为了坚决制止高层住宅的盲目发展，上海市已经成立了一个高层住宅清理小组，对该市371个基地上的1167幢高层住宅进行清理，估计拟停建或缓建高层住宅将占已开工的542幢高层住宅中70%～80%。

以上等等事实说明了在国内大建高层住宅之风盛吹十几年之后终于开始转向了。

高层住宅一度泛滥的两个主要原因

高层住宅的问题并不是非常复杂微妙，说不清楚和难于理解的，而是有账可算，有理可讲，有事实为据，有先例可以借鉴的问题。但是为什么长期以来国内大建高层住宅之风竟盛吹了长达十余年之久，而且一度还越吹越猛呢？原因可能很多，不过我以为其中有两个主要原因。

第一个原因是有些决策者和设计工作者错误地把建筑高层化和城市现代化等同起来了。我国从实行开放政策以来，出国的同志多了，国外许多城市高楼林立给他们留下了深刻的印象，因此有人就把高层建筑看作现代城市的一个主要标志；所以就认为城市若要现代化，建筑必须高层化。1984年在住宅建设技术政策的论证会上，我向一位长期主管城市建设的领导当面呼吁，希望他支持控制高层住宅的建议，可是他回答我说："美国纽约都是高楼，不是很好吗？"他的话是有一定代表性的。

第二个原因是有些同志经济观念不强，不重视投资效益，可是现在我们国家还很穷，而城市建设和住宅建设又需要大量的财力和物力，所以必须特别强调经济因素，重视经济效益，才能真正贯彻"勤俭建国"的方针，为此长期以来，我曾一再地建议，在住宅小区方面，除了常用的一些技术经济指标之外，应该补充两个指标，一个是整个小区的投资总数，另一个是每一户住宅的投资数字，以便人们直接地了解不同方案的不同投资效益。很遗憾，我的建议又成了耳边风。否则的话，很可能像塔院和方庄这些小区做的那种高层住宅比重特高，而建筑密度却并不高的方案在评比中就不会中选！

今年（1990年）1月间《北京日报》发表了一篇题目为《必须严格控制高层住宅》的文章，这篇文章的笔者宣样鎏、年永泉和刘小石三位同志都是北京市城市建设主管单位的领导人，同时又是经验丰富的高级工程技术人员，因此这是一篇很有分量和很有权威性的文章。文章中列举了大量的统计数字和事实来说明高层住宅所造成的问题，并且还算了一笔账，现在部分摘录如下"因此，按居民家庭生活实际使用的面积计算，高层住宅每平方米使用面积造价为776.2元，多层住宅为577.2元。高层住宅每平方米使用面积的造价要比多层住宅多199元，高于多层住宅35%。如果用建设北京目前已有的1000栋、800万平方米高层住宅的资金建设多层住宅，至少可以多建住房约270万平方米，可解决5万户、20余万人的住房问题"。5万户、20余万人的住房可不是一件小事，因为在北京还有40万户困难户迄今未能得到解决呢！高层住宅的经济账又哪能避而不谈呢?

搞好"多层高密度"是当务之急

现在看来大建高层住宅之风在国内将要刹住了，我为此感到很大的鼓舞，不过我并不以此为满足，我还要为在国内实现"多层高密度"住宅而继续努力。"多层高密度"并不是什么新生事物，从60年代开始欧洲各国已经开始建造"低层高密度"住宅，而且我国传统的民居，其中特别是南方的民居，院子很小，弄道很窄，就是典型的"底层高密度"住宅。同样的，旧上海的大量里弄住宅也是"多层高密度"住宅的一种类型。因此在中国，提倡"多层高密度"住宅实际上就是继承和发扬我国居住建筑的一个优良传统。

1988~1989年间我先后在《城市规划》杂志上发表了题目为《不建高层也能提高建筑密度》、《应该提倡院落式住宅》和《"多层高密度"必将代替"高层高密度"》三篇文章，又在《建筑学报》1989年第7期上发表了《"多层高密度"大有可为》一文。从这些文章的题目上就可以发现我努力的重点已经从反对高层住宅发展到提倡"多层高密度"住宅了。在这些文章中我介绍了我主持设计的北京民安胡同小区、承德竹林寺小区等处的"多层高密度"住宅方案，我的结论是"多层高密度"是完全做得到的，但是需要采用一系列的措施。增加住宅进深是一项重要措施，但是仅此一项还不够，改进住宅的横剖面同样也是一项很必要措施，因为假如我们把住宅横剖面设计为前高后低，就可以缩小必要的日照间距，从而节约用地。旧上海的里弄住房就是这样设计的，它们利用错层的办法，把居室布置在前面，把厨房、亭子间（即次要居室）和晒台安排在后面，这样就提高了这些里弄住宅的建筑密度，适应了上海这个"寸金之地"的需要。

此外通过一些试验性住宅的实践，发现内天井对通风非常有效，可是却带来了传声、串味等问题，当然这些缺点可以采用一些措施来减轻，但不一定能完全避免。所以我现在更倾向于用开敞式的小天井来代替完全封闭的内天井。

节约用地的措施还必须从住宅个体设计扩大到总体布局，周边式的布局就比行列式布局更有利于节约用地，当然行列式布局可以保证每户都有良好的朝向，不过它所形成的长条形的空间太单调了。这也是造成住宅建设千篇一律的一个主要原因，尤其各排住宅的间距又都是一律的，一般都是根据当地最低的日照间距要求而定的，这就更增加了它的单调感。因此我想到住宅之间的空间是否可以按其功能的不同而分成两类：一类是主要作为交通用的空间，它的间距只要能够满足最低日照要求也就够了；另一类是人们要在那里活动和休息的空间也就是院落，这就应该比较宽阔一些，以保证人们可以享受更多的日照。所以我现在设计的院落式住宅中，院子内日照间距都比较大，超出了最低的卫生间距。我认为与其把大量的土地都用在小区内集中绿地上，则不如尽量扩大一些院落的面积，因为人们最愿意利用的室外空间，就是离他们家门最近的一片土地。

根据上述的一些看法，我估计在今后城市住宅建设中将出现下列三种变化：即（1）"多层高密度"必将取代"高层高密度"；（2）院落式布局必将取代行列式布局；（3）坡屋顶将取代平屋顶。下面分别谈一谈这些变化。

"多层高密度"取代"高层高密度"

现在各级政府已经明令要控制高层住宅的建造，而且各地初步的实践也证实了多层住宅同样也可节约用地，所以"多层高密度"是势在必行了。不过由于前一阶段我们走过一段弯路，我们在这方面起步太晚，因而落后于其他国家了，所以当务之急就是急起直追。我深信，凭我国广大住宅设计和规划工作者的技术水平和工作积极性，我们一定可以在较短的时间内迎头赶上。当然，"多层高密度"住宅也应该多种多样，百花齐放，事实上在80年代早期，天津大学胡德君教授就曾在天津长江路设计过一片"低层高密度"住宅，这可能是国内第一个"低层高密度"的新住宅群，最近清华大学吴良镛教授指导设计了北京菊儿胡同的一片"新四合院"住宅。我有幸去参观过这个工程，发现了它既继承了"四合院"的传统，同时又有所创新，是一次很成功的努力，它在北京市的旧城改建工程中将更具有特殊的意义。

院落式住宅布局取代行列式布局

周边式住宅不仅可以提高建筑密度，而且还可以避免行列式布局的单调感，此外它还可以创造一种比较完整、比较安静和安全的室外空间，以供周围居民的休息、活动和相互交往之用。国外高层住宅建设的实践已经证明人们并不喜欢那些大而无当的空地，因为它们缺乏亲切感、安全感也没有归属性。而更喜欢的则是一种介于私有空间和公共空间之间的半私有室外空间，而院落式布局就可以满足这一要求，下面是《城市建设丛谈》一书中所说的一段话："为了节约用地，适应目前城市市政基础设施的条件，建造多层、合理高密度的楼房，打破传统的单纯追求南北朝向、行列式楼房布置，采用庭院式、周边式建房，既可以取得良好的庭院环境，又可以把用地的边边角角都利用起来，做到少占地，多出房。"以上这段话充分说明了为什么院落式住宅将要取代行列式住房的理由。

当然在院落式布局中，东西向住房是不能完全避免的，不过我们仍旧应该把它们减少到最低限度。此外，院落的空间应该完整一些，但也不宜过分封闭，总之我以为新的院落式布局应该是过去周边式布局的提高，而不是重复。

在过去以行列式为主的住宅布局中，往往一两个住宅单元设计，最多再加一两个尽端单元就可以满足整个小区住宅建设的需要了。但是院落式住宅群都需要使用较多数量的单元，这将意味着设计工作量的增加，但并不等于建筑构件的增加，因为我们完全可以用规格较少的构件来组成多种多样的住宅单元。

院落式住宅需要更多单元是由于下列几种原因：

1. 为了保证住户的安全和安静，每一院落一般只有两个出入口，住户只能通过这些出入口和院外联系，而不能直接对外，因此每一单元的大门都必须开向院子，所以就需要两种标准单元：一种是南入口或东入口的；另一种是西入口或北入口的。当然假如采用一种两面都能出入的单元，那就可以省去一种单元。

2. 每一个院落至少应有两个出入口，一个出入口必须是开敞式的，而另一个则不妨采用门洞的形式，这样既可以利用门洞上部的空间来安排住房从而进一步节约用地，又可以使住宅楼的外形更为完整，可谓"一举两得"。所以就需要设计一些带有门洞的过街楼式的单元。

3. 为了最充分发挥院落式住宅群节约用地的优越性，又必须大量使用转角单元，过去学习苏联的周边式住宅布局时，转角单元是不可缺少的。可是由于有些转角单元的通风采光不很理想，结构布局也比较复杂，所以后来就较少使用了，而在行列式布局中就更不需要转角单元了，就是建筑有转角之处，也是用一些标准单元来组成，但是横直两种方向的单元相交接时一般只能搭接一个开间的宽度，否则就会影响单元内部一些房间的采光，因而建筑群的四角往往留下一小块空地无法加以利用，因此就不能最大限度地提高建筑密度。所以必须设计一些转角单元，而且一两种转角单元还不够用，往往需要4种转角单元，以满足不同朝向对平面的要求。

4. 不可能每个院落都是正方形的，因此为了因地制宜还应该设计一些特殊的单元以满足不规则地形的需要。

在承德的竹林寺小区的工程中，上述4种类型的单元设计都用上了，所以全部单元的数量就有11个之多。

坡屋顶取代平屋顶

一律的平屋顶也是造成住宅环境单调、千篇一律的原因之一。所以不妨搞一些坡屋顶，或坡顶和平顶相结合的屋顶，这将大大有利于丰富住宅建筑的轮廓线，并使它们更接近传统民居的形式。

此外，更主要的是我们还可以利用坡屋顶来为节约用地服务。前面谈到过前高后低的住宅横剖面有利于提高建筑密度，这样的剖面可以采用退台式也可以采用坡屋顶。后一种办法可能更好一些，因为北面的平台在北方用途不大，而坡顶内部的空间却可以用作生活空间或储藏空间。

屋顶是建筑物的第五立面，所以它的形式和色彩都应该好好推敲，现在洋瓦的颜色都是红色的，这并不是最好的选择，至少在北京城内，出现大片的红色屋顶可能与故都风貌不太协调，假如能生产一些暗红色或深灰色的屋瓦可能更适用一些。

　　最后我深信，通过以上这些变化以及可能出现的其他变化，今后我们的新建住宅小区必将出现崭新的面貌，住宅建设的经济效益、环境效益和社会效益也将会大为提高。总之我国的住宅建设即将展开一页新篇章，让我们所有城市建设和住宅建设工作者为此而共同努力吧！

（原载《建筑学报》1990年第11期）

且听外国百家言
——再论北京的高层建筑

长期以来，我"再四"呼吁在北京城要严格控制高层建筑，可是北京正在建造的高层建筑有如雨后春笋！我的话收效甚微的一个原因可能是"人土言微"。同样的话，出自于洋人之口就比较能引起重视，因此下面我摘录了一些外国人士的有关言论来助长声势。可能有人会批评我是想"土仗洋势"，可是我以为这也是"洋为中用"啊！

"北京市中心不应建高层建筑，以便保护北京古城的文化遗产；如确需建高层，应到城外另选地方。"——一位加拿大建筑师的话。

"中国在住宅建筑中不要再走瑞士等西方国家的弯路。我们开始都建高层，现在又要建低层了。希望中国不要多建高层住宅。"——一位瑞士建筑学教授的话。

"应重点发展高度以不使用电梯为原则的中层住宅。日本修建了许多高层住宅，也存在着不少问题。……北京是座有悠久文化传统的城市，在进行现代化建设时，尤其要注意保护'文化环境'。"——日本建筑师的话。

"殷切期望北京市在城市建设规划中要避免巴黎在建设中的'过失'……不少人认为高层建筑的建筑面积比低层建筑多，其实不然，因为修建高层建筑时必须在周围保留同其高度相适应的地面空间。北京市土地面积宽广，还是以修建造价低，耗能少，居住方便，房租便宜的四层至六层的中层住宅为宜。"——一位法国建筑师的话。

"我不希望在北京市中心看到那么多现代化的高层建筑，因为它们影响了北京的古都风貌。如果城市建设都搞得千篇一律，就失去了自己的特色。"——一位美国友好人士的话。

"在实现现代化的进程中，中国主张向外国

学习，但是遗憾的是，中国并没有完全汲取西方高层建筑的痛苦教训，在一些方面还在重蹈其覆辙。……中国与其说非常需要高层建筑，不如说愿意使之成为地位的象征。这不是需要问题，而是中国人看得最重的脸面问题。"——英国记者。

以上这些话都是从《北京日报》《编译参考》等报刊和有关会谈的记录中摘录下来的。这些外国人士几乎都访问过中国。对我国，尤其是对北京都有相当的好感。其中一位美国友好人士和一位英国女记者还在北京住过较长时期。她们异口同声反对在北京大建高层建筑，这并不是偶然的巧合，而是她们从爱护北京城风貌的动机出发，总结了国外高层建筑的经验教训提出的善意忠告，尽管其中那位英国记者的话说得太尖锐，使人听了刺耳。

可能有人要问，北京一些高层建筑多半都是合资工程，可是那些外国投资方却都主张建造高层建筑，而且越高越好，你的楼高，我的楼要比你更高。其实这也是可以理解的，因为那些外国投资者就是企图通过建造高楼来为他们的企业在中国树立变相的广告牌。由于立场不同，所以他们的观点就和一般外国专家和友好人士大相径庭了。而假如完全听从外国投资者的话，那么北京这个历史文化名城就要成为外国企业在中国试比高低的竞赛场地了。

因此我衷心拥护首都规划委员会所颁布的《北京市区建筑高度控制方案》，这是控制高层建筑、保护北京风貌的必要措施，并希望今后北京的城市建设严格按照这个方案进行，千万不要轻易破例，网开一面。任何人的"面子"都不应该比北京城的面貌更为重要。

（原载1986年1月28日《北京晚报》，

发表时作了较多删节）

高层风带来了"高层风"

　　长期以来，社会上存在着一窝蜂的问题。那就是在某一时期，流行某一事物，于是大家一拥而上，争相效法或效尤。例如前几年，年轻姑娘学国外的时髦，国内喇叭裤大为时行，其后国外已经不时行了，而我们尚在乐此不疲，当然现在就没有人再穿喇叭裤了。不过这也算不了什么错误，最多是信息欠灵通，以致浪费一些裤料而已。

　　我们建筑界未能免俗，也有个一窝蜂的问题。其中一股非同小可的"风"就是大造高层建筑之风，简称为高层风。这股风也是来源于国外，盛吹于60年代，而在近一二十年来则已盛极而衰了。这股"高层风"在国内开始于北京，如今已吹遍全国，而

143

且方兴未艾。这股风的影响就远不止浪费一些裤料而已。

高层风不仅是社会上的一般风气，而且实际上也确有其风，那就是由于高层建筑而形成的城市人造风，因此也可以简称为"高层风"。这是因为那些拔地而起的高层建筑首当其冲地截住了高空的来风，这股风一部分越楼顶而过，另一部分则沿着高楼墙面急转直下，有时还会在几幢高楼之间来回冲撞，于是就会形成一股狂风或旋风。哪怕是一阵徐徐的轻风，从宽阔的马路或广场吹入高楼之间的狭缝，出来时也会变成一股强劲的疾风。所以旁的地方刮小风时，高楼附近就刮大风，旁的地方刮大风时，高楼附近就刮狂风。总之"高层风"严重影响高楼附近的小气候，使该地区居民"得风气之先"，饱受风灾之苦。

1982年，美国纽约市曼哈顿区有一个市民控告一幢高楼的建筑师、房产主以及当地市政府，理由是那幢高楼所造成的旋风曾把原告卷入上空，从而摔断她的肩胛骨。法院也受理了这宗控诉案。在北京"高层风"伤人之事目前尚无所闻，即使有了，也不会有人想到要打官司。不过饱受"高层风"之苦的可能也大有人在。我本人就是其中的一个。我家附近本来多是四五层的住宅楼，前几年却添建了三幢十一层高的住宅楼，我每次外出或回家时必须经过这些高楼一侧的一条小路。在刮风时，这里疾风劲吹，我虽非弱不禁风，却也把这段路视为"长途"。

北京不仅是世界闻名的历史文化名城，而且气候也比较宜人。这方面要是有些美中不足的话，那就是在冬季或春季风沙太大。不过新中国成立以来，由于在郊区造了防风林带，在城区内，路面也大为改进，绿化面积大量增加，风沙就比过去大大减少了。可是近十年来出现的高层风却又带来了"高层风"。我们一方面花了很大的人力、物力来防治自然风，可是另一方面又花了可能更大的人力、物力来制造人造风，这不是有些可笑吗？

由于国外一些城市的人造风问题日益严重，所以一门专门预测和预防城市人造风的新学科"风工程学"就应运而生。因此我们有可能从总平面布置和个体建筑的体形设计来把"高层风"减少到一定程度。不过建筑群体的布置需要考虑日照、朝向、空间组织和规划要求等等因素，个体设计则需要考虑功能的要求、结构的合理性、内外部的美观等因素，因此本来矛盾已经不少了，而如今又加上防减"高层风"这一因素，问题就更为复杂了。而且"风工程学"又是一项新学科，进行地面风的模拟测试还需要专门的风洞设施等，所以也不是一件轻而易举之事。看来防治"高层风"最彻底的办法就是来个"锅底抽薪"，严格控制建造高层建筑，因为高层建筑带来的问题很多，"高层风"不过其中之一而已。所以今后假如只是为了赶时髦，而且还是过了时的时髦，而大建高层就大可不必了。当然少量的、符合城市规划的高层建筑也还是可以建造的。

有人会说，我们盖高楼不是为了赶时髦，而是为了节约城市建设用地。这就不禁使我想到了即将兴建的一个本市最大的住宅区。这个住宅区占地147公顷，可住居民九万人。因此它代表了北京市在城市住宅建设方面所做的最新和最大的努力。令人不解的是，在这个小区里高层住宅面积在约200万平方米住宅建筑总面积里比重竟高达89%，从而创造了本市住宅区内高层住宅比重的最高纪录。过去北京的住宅小区都是多层住宅，后来有了高层住宅，其比重一般也仅为20%～30%，个别的为50%左右。如今在这个住宅区里，高层住宅的比重大为提高，每户住宅的投资当然也相应地提高了，可是住宅区的人口毛密度却比已建的小区并未有所增加，甚至还低于有些小区，说明了用地并没有节约，那么这样做究竟是为了什么呢？

这个住宅区的经济效益之低就不用提了，而它的环境效益又是如何呢？这些模仿香港的二十几层的高层住宅群对小区的小气候影响如何？"高层风"的危害如何？对附近天坛（我们传统建筑的一个瑰宝）的景观，甚至对北京城市整个风貌的影响又是如何？作为本市的一名城市建设工作者，思念及此，不禁忧心忡忡，深感不安。

（原载《北京晚报》1986年5月24日，

发表时有较多删节，此文为原稿）

造不起更拆不起
——再说高层住宅

　　今年（1987年）7月某日的电视国际新闻中，有一幕英国某城市炸毁两幢高层住宅的报道。轰然一声，两幢高楼顿时化为废墟。建筑本是百年大计，如今使用了二十多年之后，就惨遭有意的炸毁，这是什么原因呢？电视报道上说这是由于这些高楼已经破旧不堪，修理费用太大，不如另建新楼，更为合算。甚至还有一条更重要的原因，就是高层住宅太不合用，因此不如拆了另建更为合用的多层住宅。值得重视的是上述炸毁高层住宅这种奇闻在国外已经"屡闻不鲜"。

　　令人不解的是在西方国家已经"穷途末路"的高层住宅，在中国却颇为走运，大建高层住宅之风已经吹遍全国各地。有人说我们不必事事紧跟外国，言下之意，尽管外国在反对高层住宅，在中国建造高层住宅还是合乎国情的。

我完全同意，我们不应盲目地学习外国的一切，精华要学习，糟粕就不必学。那么是否在国外几乎已经成了糟粕的高层住宅在国内却是"精华"呢？恐怕未必如此。国外反对高层住宅的原因是它们的缺点很多。而这些缺点是否只在国外存在，而在我国并不存在呢？事实上这些缺点如造价贵、不合用等在我国同样存在，而且有的缺点甚至比国外更严重。例如由于钢材昂贵，中国高层住宅和多层住宅的造价就比国外更大。由于电梯的质量一般没有过关，所以电梯为住户带来的不便和困难也比国外更多。此外，高层建筑最怕火灾，即使在国外，一遇较大火灾，也往往死亡惨重。而我国高层建筑的防火设施和消防队的设备比国外要落后得多，万一发生较大的火灾，后果将很难设想，这并不是我危言耸听啊！

由此可见，国外有理由反对高层住宅，我们却没有理由、也没有必要来为高层住宅鸣冤平反。要是在这"大同"之下，还有一些"小异"的话，这"小异"反映在反对高层住宅的理由上。我认为国外反对高层住宅的主要原因是他们住惯了前庭后院的多层住宅，嫌高层住宅"不好住"。而在我国，主要原因则是高层住宅的造价太高，经济效益太低，因而实在"造不起"。当然，实际上不少高层住宅还是造起来了，不过本来可以建造十八户多层住宅的资金却只够造十户高层住宅，结果原来可以住上新房的八户人家落空了，而住上高层新房的十户人家却未必满意！真是何苦来哉？此外还有一个差别，就是西方国家不但造得起，而且必要时也拆得起。可是在我国若要拆毁这些高楼，至少在目前住房如此紧张的情况下是绝对不允许的。我从来坚决反对滥建高层住宅，可是假如要我来建议在国内也学外国一样地拆毁高楼，我是绝不敢冒这天下之大不韪的。

（原载1987年9月3日《北京晚报》）

住宅楼群中空地越大越好吗？

为了满足住户的卫生、安全和户外活动等要求，在住宅楼之间保留一定的空间当然是完全必要的。一般来说，这空间大一些就更好一些，这也是可以理解的。但是否越大越好呢？越集中越好呢？这就值得商讨了。

早在20年代后期，一些现代建筑大师们对于一个理想住宅区的概念，就是高层建筑加大片空地或绿化，这种概念成了早期现代城市规划理论的一条原则。许多城市的新区就是根据这个原则建设的。可是不久却发现实际使用效果却不同于那些建筑大师的想象。许多这类大广场或大草坪上都冷冷清清。有一次我在巴黎参观著名的拉特方斯新区，在它非常宽阔、非常漂亮的大广场上只看到了一位中国姑娘在那里坐着看书，我想她该是勒·柯布西耶难得的知音了（该新区是根据现代建筑大师勒·柯布西耶的规划理论而建成的）。这说明人们认为这些空间大而无当，缺乏亲切感和人情味，更缺乏归属性，因而并不适宜于人们的游憩和交往。所以近一二十年来，国外已经不再采用这种"高楼加大空间"的城市规划方式了。

根据国外住宅小区规划的新理论：住宅楼群的空间并不是越大越好，也不是越集中越好。而是应该相对的分散，并且应该有层次，除了住户们的私有空间、必要的公共空间之外还应该有一种处于两者之间的过渡空间，同时也是一种半公共空间。这种空间一般都是利用周围的楼群来形成，因此这些楼房里住户们在这个空间内可以感到一种相对的独有性，并且感到比较亲切和安全。而这种关系在大片集中空地的住宅区内是不大可能存在的。

有人说，四合院就最便于住户之间的互相交往和互相照顾。不过这种四合院却是几家合住，各户面面相对，音息相通，结果"交往"有余，而各户住家应有的私密性都大大的不够了，因此得不偿失。中国建筑和西方建筑在布局上有一个明显的不同就是前者是房子包围院子，后者是院子包围房子。四合院建筑就是"房子包围院子"。我以为国外现在的规划思想实际上就是从过去的"院子包围房子"的布局转变为"房子包围院子"的布局，而后者本是中国建筑的传统手法。因此我们中国建筑完全可以利用它来为新的住宅小区创造必要的半公共空间，这样做可称"一举两得"。相反的，要是我们不从自己的建筑传统中吸取灵感，却一味模仿西方已经"行之无效"的"高楼加大片空地"的做法，那岂不是成了避自己之长，而扬他人之短了？

（原载1988年2月13日《北京晚报》）

保护古建筑

为古建筑请命

　　我国的古建筑是我们祖先传给我们的一份极其丰富和非常宝贵的文化遗产。最近有一位日本友人说："中国的古代建筑这样的量大面广，丰富多彩，真是得天独厚。"又说："你们就像站在宝山上一样，遍地是宝，可不要站在宝山上反而看不到宝山的光辉。"这些话对我国的古建筑并没有"过奖"，而后一句话更值得我们反省。

　　我国的古建筑集中地反映了我国古代人民的高度文化水平。它们的文物价值比绘画、雕塑等其他艺术是有过之而无不及。而有些埋藏在地下的文物如石器、铜器、陶器等今后还可能通过发掘继续有所发现，唯有地面上的古建筑却总是有减无增，一天比一天少下去。所以，我们必须十分珍惜和爱护古建筑，决不允许任何人或任何单位随意加以破坏。中华人民共和国成立以来，人民政府对于保护古建筑也是比较重视的，曾于1961年颁布了第一批全国重点文物保护单位的名单。不过在这方面做得还不够，例如在我国这样一个土地辽阔、文化悠久的国家，重点文物保护单位仅七十七个，这是少得不能想象的，肯定是急待补充的；而隔了近二十年之久，第二次的名单却迟迟未见公布。可是，许多古建筑等不到名列黄榜，已经惨遭不幸了。即使是有幸被列入名单的也未必能确保太平无事。例如最近才知道西藏拉萨著名的三大寺之一，有六百多年历史的噶丹寺建筑已于1969年被夷为平地了。总之，在过去，尤其在"四人帮"横行时，全国各地古建筑遭受破坏的情况是十分严重的。而新中国成立后有一个时期，我们在建筑设计中却很强调民族形式，因而建造了不少复古主义形式的新建筑。这样做实际上等于一方面毁了不少无价之宝的真古董，另一方面却又花了大量资金来做假古董。所幸在建筑方面制造假古董之风基本上已经刹住；不过毁坏真古董，或者通过"维修"把真古董搞成假古董的情况在全国范围内却屡见不鲜，尚在继续威胁着现存的古建筑。北京是首都所在，但在保护古建筑方面存在的问题也不少，而且这些问题在其他地区也不同程度地存在着，某些地区可能还更严重一些。故写此文，为古建筑请命。

古建筑是全国人民的共同财富
决不允许随意破坏

即使在北京，新中国成立以来也毁坏了不少原来应该保留的古建筑，下面就是几个例子。

北京城是世界上唯一现存的具有三千年历史的古代都城。它不仅历史悠久，而且完全按照规划建成，布局完整严谨，气势宏伟浩大。北京城的城墙是它的一个重要组成部分，令人遗憾的是这些城墙现在几乎全部拆毁，夷为平地了。原有的九组城门建筑，而今也只剩下一组半了（正阳门算一组，德胜门只能算半组，因为城楼已经拆除了；每组城门建筑包括一个城楼、一个箭楼和两者之间的瓮城）。其中最可惜的是西直门，因为它是一组很完整、很有代表性的古代城门建筑。它的文物价值高于现在的正阳门（即大前门）。而后者的外形已不是原状，在清末由外国建筑师改造过了。例如那墙腰上挑出来的仿汉白玉栏杆和那些窗洞上的拱形装饰等都是后来加上去的。而西直门却是完全保持了原貌，可是不幸却在"文化大革命"期间惨遭拆除了。在拆除的过程中，还在那里发现了元大都和义门的完整建筑，这是我国绝无仅有的元代城楼建筑，结果也同归于尽，实在令人痛心！

德胜门的箭楼是北京唯一尚保持原来面貌的箭楼建筑，同时也是明代北京城北墙至今尚存的唯一标志。而前些时候为了要在附近建造立交桥，这个箭楼也准备要拆毁了；所幸各方面及时提出了意见，德胜门的箭楼终于保留下来了。但是偌大一个历史悠久、气象万千的北京城，如今一共只有一组半城门建筑，而实际上则连一组完整的、保持原来面目的城门建筑也没有了，我们如何向我们的子孙后代交账呢？

当人们坐火车前来北京，即将到达之时，首先映入眼帘的就是北京城的东南角楼。它那雄伟粗壮的体形标志着气象万千的北京城就在眼前了。可惜这座角楼现在已经残损不堪，如不及早采取保护措施，则迟早将全部坍塌，北京城这个仅存的角楼建筑也将成为遗迹了。

西四的妙应寺白塔是全国最大也是最古老的一座喇嘛塔，它是在元朝时从尼泊尔礼聘了工匠和我国工匠合作修造而成的。它和北海的白塔交相辉映，大大丰富了北京城的天际线。但是白塔寺的山门却也在"文化大革命"期间被拆除了，在它的原址建造了一个副食商店，正是"山门已随文革去，此地空余副食楼"。这座楼面目平庸，它丰富街景不足，而屏挡白塔却有余。周总理生前某次曾陪同尼泊尔贵宾来参观白塔寺，几乎不得其门而入，为此周总理曾指示要将此副食店拆除；不过现在不仅副食店存在，而且在它东侧又添了一座五层高的中药店楼房，进一步扩大了对白塔的包围，使人更难从正面看到白塔的全貌了。

紫竹院公园是新中国成立后新开辟的一个公园。公园里有一座金代的砖塔，为它增色不少。不料这座古塔后来被拆除了，据说拆除它还十分费劲，说明它的建筑相当坚固。拆除此塔的理由因为它是危险建筑，这样说来，闻名世界的意大利比萨斜塔早应在拆除之列了。又听说拆下的砖用来盖了六十多间平房。像这样的"利用废旧"真是愚不可及。在外地，拆毁了古建筑，利用它的材料来新建房子的例子就更多了。"利用废旧"本是一种节约措施，不过把文物价值很高的古建筑当作"废旧"来利用却是最大的浪费。我国的许多浪费和损失都是无知所造成的，这不过其中的一个例子而已。所以努力提高全民族的文化水平的确是当务之急啊!

不要对古建筑本身"进行社会主义改造"

维修古建筑是当务之急,但这项工作需要认真对待,不能草率从事,否则往往容易把好事办成坏事,"爱之适以害之",甚至于把"真古董"搞成了"假古董"。陈毅同志在1960年主持国务院会议讨论《文物管理暂行条例》和第一批全国重点文物保护单位名单时曾说过:"修古建筑一定保持原状,不要对文物进行社会主义改造。"陈毅元帅是儒将风流,他对文物很爱好,也很有研究,他的话说得很中肯,同时也很有针对性。遗憾的是热衷于对古建筑"进行社会主义改造"的却至今大有人在!不少人往往把维修古建筑看作仅是一些修缮加固、油漆粉刷的工作,他们以为,做到"整旧如新"便是出色地完成了任务。有些同志甚至还要对古建筑任意改造,画蛇添足,结果把一些古建筑搞得面目全非,叫人看了啼笑皆非，而他们还在自鸣得意！

我国的长城闻名世界，现在又是从月球上能看到的人类的两大工程之一，它的文物价值就不需要我来多说了。长期以来，这万里长城早已残损不全了，其中比较完整的只有现在中外游客常去的八达岭这一段。它跨山越岭的雄姿获得了游客的惊叹和赞美。美中不足的是，这段长城经过修缮，已经做到了"整旧如新"！尤其那入口处的"居庸外镇"看来更像竣工不久、刚刚验收的样子（实际可能也是如此），绝无一丝半毫的古意。人们登临其上，首先看到的是现代工人的劳动成果，往往不大容易想得到长城是古代人民所创造的奇迹了，让凭吊长城古迹的人们到此作何感想？其实修缮古建筑应该和修补古画一样，后者的用纸、用笔和用色都有讲究，方能做到与原画浑然一体，毫无修补的痕迹。潭柘寺是北京郊区的一个名胜古迹，近年来该寺也经过了修整，这首先是一件好事，不过这项工作却没有做好。人们走到潭柘寺的焕然一新的山门前，就可

以发现原来的汉白玉的拱券和须弥座已被刷上白灰
浆，原来磨砖对缝的墙面却被刷上青灰浆，上面又
画了黑色的砖缝。这使我不禁想到京剧"空城计"，
因为那些画出来的砖墙很像"空城计"里的布景，
那汉白玉上面的白浆更白得和司马懿的脸谱一样！
这种对待古建筑的做法，犹如把出土的青铜器上面
的铜青铜绿打磨干净，再用擦铜油把它擦得锃光瓦
亮，或者甚至于再镀上克罗米！

　　天坛祈年殿前的两旁配殿，近年来也修缮一
新。经过修缮之后，这些建筑最引人注目的就是朱
红色的廊柱上都装上了一盏盏玉兰花形的壁灯。这
些壁灯使用上是否有此必要，值得商讨，它们在美
观方面却肯定起了不良的作用。那些灯具样式时
新，它们的乳白玻璃灯罩和克罗米灯座在阳光下闪
闪发光，完全破坏了这两座古建筑的传统风格。而
在中国古建筑的柱子上装玉兰花壁灯的例子却不胜
枚举。

　　劳动人民文化宫过去是清朝的"太庙"，它的

大殿规模之宏伟，仅次于故宫的太和殿。与后者一样，它也有几层美丽的汉白玉基座，只是不知为了什么原因，后来在紧贴着基座的前面又做了一个水泥的花池。花池中还种上了一排宝塔松，一个个的松尖和那汉白玉栏杆的望柱在那里"试比高低"！中国古代殿堂建筑的台基从来都是与砖石铺装的前庭直接结合成为一片而益显其整个建筑的严肃和完整；行列式的宝塔松更不是我国传统的绿化形式，因此与"太庙"大殿的风格极不协调，很煞风景，这是"画蛇添足"的又一个例子。

这里附带谈一谈绿化问题。一般来说，绿化对建筑可以起锦上添花的作用；但它也有一个因地制宜的问题，在不应该搞绿化的地方搞了绿化也会引起相反的作用。不妨设想一下，在太和殿的前庭或者祈年殿的四周假如搞成绿草如茵、绿树成荫又是怎样一种效果。此外绿化也有一个民族形式问题，我国的园林绿化是以自己独特的风格闻名于世的，它与传统建筑相配合，起了相得益彰的效果。可是，如今在全国范围内，在名胜古迹区滥搞绿化，或者在古建筑周围大搞西式绿化的情况却相当普遍。例如有千年以上历史的西安大雁塔周围的绿化就是长条形的绿篱、球形的树木，再加上雪松等等，洋气十足。此外，泰山松在泰山本有其历史的意义，而今日却在泰山上种上了外国的雪松，让泰山穿上西装，这又何必呢？

对古建筑画蛇添足，固然应该反对，而对古建筑滥施非刑，如劈头削足等更是不允许的。不过这种情况也不少见，例如北京西郊动物园大门，原来是清代万牲园的大门，它是一座中西合璧的建筑，是清代在建筑上"洋为中用"的一个实例，因此具有一定的文物价值。这座大门的主体采用西洋古典的廊柱加拱门的形式，而上部却是中国风格很强的雕砖山墙。砖雕的内容是龙和云朵组成的图案，这个山墙反映了我国装饰艺术和砖雕技巧的高度水平。不幸这座大门在"文化大革命"中惨遭大劈之刑，它那精华所在的山墙已被拆毁了。我想它的罪行大概是与那龙形图案分不开的。其实我们应该坚决反对的是那种"真龙天子，金口玉言"的封建迷信思想，龙本身却是无罪的。龙作为一种图案，装饰性和民族形式都很强，今后还可以在各种艺术中加以利用，因此我们又何必迁怒于龙呢？

位置在北海和中南海之间的金鳌玉栋桥是一座很美丽的中国传统形式的多孔桥，后来由于交通的需要，把它的桥面放宽了，但形式基本未变，尚无损它的美观。遗憾的是，后来又把它的汉白玉栏杆都拆去而改装上了围墙式的铁栏杆，从此金鳌玉栋桥就面目全非了。更遗憾的是人们隔着铁栏杆遥望中南海总感觉不如过去亲切了。

天安门重建之后，基本上保持了原来的面貌，不过原来龙凤图案所组成的"和玺彩画"却已改成了改良式的彩画了，这样做是否必要尚可商榷。天安门本是清代"紫禁城"的大门，不过从中华人民共和国成立的那一天起，它就改而为劳动人民和为社会主义服务，并成为我们国徽的一个组成部分了。那么为什么"和玺彩画"就不能为天安门服务呢？后来天坛重建时，所有彩画就都照原样未改，这就比天安门的重建有了进步。

彩画是中国古建筑装饰中的一个最主要、最有特色的组成部分。它的图案和色彩等都是与建筑物的性质和规格密切配合的。所以在维修古建筑时，必须将彩画保持原状，不应任意更改，更不需要与当前的政治运动密切配合。可是，颐和园里某些建筑的彩画，在"四人帮"时期曾经出现过"批孔"的内容，连"盗跖斗孔子"的画面也上去了。把古建筑彩画搞成和宣传画一样，内容随时翻新，实在莫名其妙！

北海重新开放时，多数古建筑都已重加油饰，焕然一新。不过有些新的彩画却显得相当烦琐和庸俗，是否原状颇可怀疑。北海内的"禅福寺"（现在的经济植物园）本是寺院建筑，其彩画相应的亦比较朴素，与周围其他比较富丽的建筑相比，另有一番情趣。可是现在它的彩画除山门正立面上的一部分之外，其余却被强迫"还俗"，改为了很花哨的彩画，硬叫青衣改唱花旦，这又何必呢？

古建筑也有一个"环境保护"问题

对于古建筑的保护不能局限于古建筑的本身，应该扩大到它的周围环境，否则一些很不相称的邻居也会起到大煞风景的作用，而古建筑又不能学"孟母三迁"。试举数例以说明之。

新中国成立后北海的西北面建造了一些高楼大厦，这些大厦本身倒并不在北海的范围之内，可是它们却大大破坏了北海的景色。特别从南面遥望五龙亭时，我们会遗憾地看到那些庞然巨物的大厦和小巧玲珑的五龙亭形成极不协调的对比，它们的体量、尺度和形式都和五龙亭格格不入，给五龙亭造成了一种"强邻压境"的背景。

中南海同北海及颐和园一样，过去是一组非常优美而完整的皇家宫苑，它充分反映了我国建筑和园林艺术的高度水平，它的"太液秋波"与北海的"琼岛春荫"一样，都被列为燕京八景之一。可是近年来看到了一幢幢新盖的洋楼冒出了中南海的围墙，不禁使人忧心忡忡！但愿这些洋楼不会破坏中南海的景色，但愿中南海内部的古建筑不曾受到损坏！

广安门外的天宁寺塔是北京唯一的辽代建筑，它那层层的密檐，具有独特的艺术风格。可喜的是此塔迄今仍然健在，可悲的是它的晚境欠佳。因为近年来，它的贴邻崛起了一座高达180米的大烟囱（西郊热电站的烟囱），与它一起形成了一幅"双峰插云"的画面。不过它们俩一胖一瘦，一旧一新，一个头戴宝顶，一个口吐浓烟，彼此毫无共同的语言，可是这对"怨偶"还得长期共存下去！不过是否能"白头"偕老也成问题，因为热电站的废气对古塔将起一定的污染腐蚀作用，年深月久之后，此塔至少是难保"清白"了。

天坛是北京也是全国的一组最雄伟最美丽的古

建筑，它从总平面到个体设计再到每一细部处理，处处强调了"天"。它那长长的甬道高出地平面有一定的距离，人们登临其上，环顾四周，首先看到的是广阔的天空和象征天的祈年殿建筑，一种与天接近的感觉油然产生。可是近年来天坛的西南角上却堆起了一座土山，与祈年殿遥遥对峙，这就破坏了整个天坛的艺术完整性，从而也破坏了原来那匠心独运的设计意图。

保护古建筑与实现现代化的关系

古建筑与现代化，一旧一新，乍听有些矛盾，尤其现在举国上下都在全力以赴地为实现四个现代化而努力，我却在这里呼吁保护古建筑，是否会转移目标或分散精力？决不会，两者之间不但没有矛盾，而且是相辅相成的。

一般来说，在比较贫穷落后的国家里，人民欲求温饱还不容易，当然就较少有那种闲情逸致和艺术修养来欣赏古文物和古建筑。而在一些发达的国家里，人们就都非常爱护古建筑，把它们看作国宝，引为自己民族的骄傲。我在欧洲一些国家里就曾看到所有的古建筑都保存得非常之好，有的甚至把古代的整条街道或整个旧城都保存下来了。我们访问斯德哥尔摩的时候，瑞典外交部就专门挑了个坐落在一条古代小街上的一幢古老的饭馆宴请我们，以表示他们对中国客人的尊敬和友好，由此也可以看到瑞典人民对古建筑重视之一斑！

我深信，随着我国四个现代化的逐步实现，广大劳动人民的生活水平将迅速提高，人们将要求更丰富多彩的文化生活，并希望更多地了解自己祖国的过去，人们对古代文物和古代建筑的兴趣和关心必将与日俱增。古代建筑是我们祖先留给我们的最珍贵的遗产，年代之久，数量之多，在世界上是绝无仅有的，这是中华民族的无比骄傲！我们怎忍任其毁坏！要是到了那一天，人们的物质生活大大丰富了，而一些珍贵的古建筑却已经多不存在了，人们就会埋怨我们，我们的子孙更会批评我们是败家子，责备我们这一代没有保管好祖先遗留下来的宝贵的文化遗产。所以保护古建筑绝不是不急之务，而实为当务之急，不能等等再说，因为迟了就来不及了。此外，我国正在大力发展旅游事业，我国古建筑对一般国外旅游者具有莫大的吸引力，它既可以宣传祖国的文化和建设，同时亦可以吸收外汇，为实现现代化积累一部分资金。保护古建筑不是也可以为四个现代化服务吗？

几点建议

1. 国家应当有保护古建筑、园林的立法。所有古建筑的拆毁和修整都必须经过权威机关的审批。随意毁坏古建筑的应当受到法律制裁。前面谈到被列为第一次全国重点文物保护单位的古建筑实在太少了，真是挂一漏万；北京市也有地方级的重点文物保护单位，但是有很多遗漏，否则，何以德胜门箭楼差一点就被拆毁了呢？现在继续公布重点古建筑的名单实在刻不容缓。当然，也可以把这些古建筑分一下级别，按其级别不同，对其维护保存的要求可以有所差别。不过凡是古建筑，即使暂时不在名单之内者也不允许随意拆毁，如因特殊理由需要拆毁时，事先必须经过有关权威机关，如文物局、园林局、城市规划管理局等的正式批准。

听说在联邦德国的吕贝克城，有一座倾斜的古城门楼，在18世纪已出现倾斜，当时有人主张拆除，有人主张保留，结果由市议会投票表决，终于以一票之多把它保留下来了。现在不但这建筑本身成了供人参观的古迹，而且此事也传为爱护古迹的佳话。这件事很值得我们学习。我以为今后对北京某些古建筑拆留问题发生争议时，就应当提交本市的人代大会和政协来讨论和表决。这也是市人民代表和市政协委员应尽的职责之一啊！

古建筑的修整和复原本是一项科学性和艺术性都要求很高的工作，所以在对某一古建筑进行修整之前，必须做好考证工作，拟就修整方案（包括必要的图纸和说明书），送交有关单位审批后再行施工。在设计施工过程中更应争取专家和老工人的参与和指导。只有这样才能保证经过修整的古建筑恢复旧观，而不至于搞到"整旧如新"，或面目全非的地步。

此外，最好能建立一个专门的机构，和一支专门的技术力量，训练他们具有专门的知识，让他们来全面负责古建筑、古园林和文化古迹的保护、管理和维修的工作。

2. 应该保留一些四合院和私家庭园。北京的四合院是我国的一种传统的住宅形式，它在组织空间和保证住户不受外界干扰等方面都有独到之处，许多外国建筑家对此评价极高。现在北京用地紧张，城区改建必须拆去大量的四合院。所以一个当务之急是选择一些质量较好且有一定代表性的四合院住宅加以保留和维护，最好保留一两条胡同，甚至一个完整的街坊，以便人们从那里可以看到我国过去住宅设计和街坊规划的高度与水平。去年十月间中央决定恢复和建设琉璃厂文化街，以便在此集中显示我国的各种文物和传统建筑，以丰富人民的文化生活，并吸引外来游客。此事一经宣布就获得中外舆论的一致好评，足以说明爱护古建筑与古文物是人同此心。

北京还有一些私家园林，它们反映了我国园林艺术的高水平，因此具有较高的文物价值。例如清代恭王府的园林是现存的唯一比较完整而精美的王府园林建筑，现在政府已决定把它保留，并准备将它修整后开放于众，这是深得民心之举。此外清代著名文学家和艺术家李笠翁所经营的"半亩园"也在北京城内，可惜现在已经拆毁得差不多了。目前北京的园林学会正在对一些有文物价值的宅园进行调查，以便设法保存，不过听说调查的进度还赶不上拆毁的速度，所以应该大声疾呼：抢救古建筑！抢救古园林！

3. 应该保护整个北京城的文物环境。我国得天独厚，名胜古迹遍及全国各地，但是大煞风景之事却也相当普遍。任意侵占风景区来大兴土木、大办工厂之风至今并未完全刹住，而在名胜古迹附近，大盖高层建筑、高层旅馆之风却方兴未艾。有些风景区行将面目全非。所以对古建筑不仅要保护它本身，而且还要保护它周围的环境，这个环境有时候还应该扩大到整个城区。北京城的最大特色是位居城市中心的规模宏伟、气势浩大的故宫建筑群，此外市区还有北海、中南海等大片的古建筑和园林。新的北京城市建设规划应该尊重这些特色和现状。所以在北京市区内大量建造高层建筑是一个很值得商榷的问题。

近年来有些同志认为高层建筑是建筑现代化的一个标志，好像缺乏摩天大楼，一个城市就显得不够现代化。其实这种看法并不完全正确。建筑高层化并不等于建筑现代化。现在国外已经发现高层建筑带来的不少缺点，欧洲许多国家已经较少建造高层建筑，特别是高层住宅了。过去在巴黎市区曾盖过一座摩天大楼，结果舆论哗然，所以后来在市内中心地区就不再盖高层建筑了。美国首都华盛顿对新建筑的高度也有限制，不能超过国会大楼的高度，所以美国虽以摩天大楼著称，而首都华盛顿却根本没有什么摩天楼。周总理生前对北京市区新建筑的高度限制曾有所指示。许多到我国来访问的外国建筑师代表团都把它们的高层住宅作为一种失败的教训加以介绍，希望我们不要重蹈他们的覆辙。这些意见都很值得我们重视，因为实际上，整个北京城区就是一个大文物，我们应该从这个角度出发，对市区新建筑的高度有所考虑。对于那些靠近古建筑的地区的新建筑更应严格控制高度，以免再重复北海西北角高楼群的教训。现在有许多国外投资的工程如旅游旅馆和贸易中心等，它们的设计方案都采用摩天大楼的形式，这个问题就更值得郑重研究了。

最后，我想指出，古建筑本身反映了古代人民的文化水平，而古建筑的现状，包括保护情况、维修质量等，实际上反映了一个民族的现有文化水平，所以我写此文不仅是为古建筑请命，同时也是为努力提高我们全民族文化水平而呼吁。

（原载《建筑师》杂志1980年第4期）

维护故都风貌　发扬中华文化

　　值此纪念"双百方针"提出三十周年之际，北京市建筑界正在展开对北京的城市风貌和建筑风格问题的讨论。这些问题不仅是我们建筑界所关心的问题，而且也是广大群众所关心的问题；同时它们又是早就应该加以探讨，而长期不受重视，或者避而不谈的问题。如今终于提到论坛上来了，真是一件大好事。我深信这次讨论的结果不仅将有助于指导北京今后的城市建设，而且在全国建筑界，亦将产生积极的作用；不仅对我国的物质文明建设，而且对于我国的精神文明建设也将产生深远的影响。下面我发表一些个人的看法，以就正于同行们和读者们。

为什么要维护故都风貌

任何一个城市的风貌，都是它的自然地理和人文特点的反映。各个城市的自然条件和文化历史不同，由此而形成的城市风貌也各异，从而就产生了地方特色。城市风貌的内容包括城市的物质文明建设和精神文明建设两个方面。具体地说，城市里的建筑、道路、交通、绿化、环境卫生、社会秩序、人民衣着和服务态度等都属于这个范畴，但是其中最重要的、对城市风貌起决定性作用的是房屋建筑，因为它们是直接映入人们眼帘的最突出的形象。

我们伟大祖国的首都北京是世界上数一数二的历史文化名城，也是世界城市建设史上一个空前的杰作。美国城市规划的权威爱德门倍根先生在他的著作中曾经这样写过："地球表面上人类最伟大的工程可能就是北京。"因此，我们北京市民应该为此而感到骄傲。我们每一个中国人也都应该因为我们的祖先为我们创造了这样伟大、优美的城市而感到自豪。可是假如北京失去了它的原有的风貌，这将不仅是中国的损失，而且也是全世界的损失，因为北京城作为人类的一个非常珍贵、非常伟大的文化遗产，是全世界人民的共同财富，任何人都只有义务来保护它，而没有权利来破坏它！

如何维护"故都风貌"

新中国成立以来，北京进行了规模空前的城市建设，成绩是有目共睹的。美中不足的是与此同时，北京却正在失去它原有的风貌，而且北京城市风貌破坏的速度是和新建设的速度成正比的。

为什么新的城市建设会破坏故都风貌呢？我认为，问题主要是出在房屋建筑上，特别是决定于这些房屋的轮廓线所组成的城市天际线。

过去北京城市的天际线基本上是横向的。大片掩映在绿树之下的四合院之间，点缀着故宫、景山、钟楼、鼓楼、北海和白塔寺等重点建筑。所以北京的空间构图是既平稳、协调，同时又有适当的变化和节奏，从而把一些重点建筑烘托得更为突出。不过令人着急的是北京原来的优美的天际线却正在受到一批新建高层建筑的破坏。根据统计，在旧城范围之内，已建和将建的高层建筑共有211幢，其总面积为247万平方米，而且整个发展趋势是越建越多，越建越高。这些高层建筑不仅破坏了整个北京的面貌，而且有的还直接威胁它们临近的古建筑。北海西北角的一组高楼就是一个例子。它们不仅使得玲珑秀丽的"五龙亭"相形之下大为减色，而且还破坏了整个北海的景观！

值得高兴的是1985年8月北京的建设和规划部门制定和颁布了《北京市分区建筑高度控制方案》，建筑高度大体是从故宫周围，由内向外逐渐升高，形成内低外高的控制高度分区，在一些重要文物古迹和风景区周围则均为较低的地带。控制建筑高度是保护城市风貌的一项最有效的措施，国外许多城市早已这样做了。在国内最早提出要控制北京的建筑高度的则是我们敬爱的周总理。我们现在的任务是应该严格按照《方案》办事。此外在执行《方案》的过程中，还应该随时总结经验，作一些必要的补充和调整，使《方案》更为完善，更符合北京城特定环境的要求。

要全力地、认真地保护古建筑

北京拥有大量的文物古迹。令人十分痛心的是，一部分古建筑如今已经不复存在了。例如北京的城墙原有九组雄伟的城门楼，如今仅剩正阳门及其箭楼和德胜门箭楼了。所以目前当务之急是应该尽量保护好现存的古建筑，不能再任其破落坍塌。更不能任意拆毁。对于维修古建筑的工作，尤其应该认真对待，必须严格按照原来面貌进行修复，不容妄加增减，任意改变，以致把真古董整修成假古董。在这项工作中，要特别尊重历史、尊重知识和尊重专家，不要简单地以为只要有钱就好办事。我们丰富多彩的文物古迹的本身充分反映了我们祖先的高度文化水平，而对于这些文化遗产的保护和维修的状态则在一定程度内说明了我们这一代人的文化水平。

北京是世界上文物古迹最丰富和最集中的都市之一，可是北京现有的国家级和市级重点文物保护单位却只有189项，而国外许多历史名城列入保护名单的古迹却往往数以千计，在这方面我们实在太"谨慎谦虚"了。所以我们应该理直气壮地扩大我们的重点文物名单。当然，保护古建筑和现代化城市建设两者之间不是完全没有矛盾的，不过我们不应该把这两者完全对立起来，而是应该通过精心细致的城市规划，以及各有关方面的群策群力来统一这些矛盾。例如前面谈到的德胜门箭楼，本来因为和它的南面要建造的一座立交桥位置上有矛盾，而决定加以拆毁，然而后来经过一些专家学者的呼吁，有关领导改变了决定，由规划当局把立交桥的位置稍作调整。德胜门终于保存下来了，而立交桥也建成了。结果是两全其美。卢沟桥的保护问题和城市交通运输之间也是有矛盾的。但后来经过有关领导和专家学者的共同协商采取了必要的措施，卢沟桥在完成了它最后一次重要运输任务之后，终于在1984年8月24日光荣"退役"了。这种事在国内外都受到了好评。

俗话说得好："牡丹虽好，全仗绿叶扶持。"要是故宫、北海和天坛等雄伟壮丽的古建筑算是牡丹的话，那么那大片朴素无华、而同样优美的四合院建筑就该算是绿叶了。令人遗憾的是这些绿叶现在已经凋谢不少了。如今另一个当务之急就是应该尽量多保存一些四合院。鼓楼附近南锣鼓巷一带有大片质量较好的四合院，应该把它们和一些相连的胡同，成片地加以保留，有关单位对这些地区已进行了调查，并制定了保护规划，我们应该努力促其早日实现。此外，一些零散的，但是有代表性的四合院也应尽可能予以保留，有条件时可以把它们吸收在新建筑群内，并恰当地加以利用。这样做的结果既可以保留一部分四合院，又可以丰富新区的面貌，使新旧建筑相得益彰。

巴黎是世界上极少数可以和北京相提并论的世界历史文化名城，同时也是一个高度现代化的城市。大家可能在电视上看到过"世界各地"节目中的巴黎文物保护专访。在这个专访中记者曾向巴黎市长、现在的法国总理希拉克提出如何保护巴黎面貌的问题。从希拉克的答复中，我们发现巴黎的经验不外两条，第一条是认真保护古建筑，第二条是严格禁止高层建筑。希拉克还说，在第二次世界大战后，巴黎一度曾建造了一些高楼，他为此深感后悔。这个经验教训特别值得我们借鉴。

建筑形式既要多样化，又要民族化

为了维护古都风貌，除了保护古建筑和控制建筑高度之外，我们还应该重视新建筑的形式和风格。令人遗憾的是，新中国成立以来的多数新建筑的形式比较贫乏单调，趋于"千篇一律"。近几年来，多数新建筑则洋气有余，民族风格不够，地方特色更谈不上了。长此以往，那些高楼和洋楼将使北京看起来更像我国香港、新加坡等新兴商业城市，而根本不像世界闻名的文化古都了。

事实上，现在世界各国的建筑界都在探索自己民族的特色。而对于那些"以不变应万变"的国际式方盒子建筑都已表示厌倦了。要不要民族风格的问题，归根到底，是要不要尊重一个民族自己的文化传统的问题。同时也是一个在全世界范围内如何避免建筑形式千篇一律的问题。因此假如国际式建筑再在世界各地继续流行下去，那么世界上各个城市的面貌可能也要大同小异，整个世界的面貌也将变成单调乏味了。一切文化艺术首先要有民族特色，然后才有世界价值。所以，我们中国建筑界应该努力去探索和创造自己的民族风格，走我们自己的创作道路，而不能满足于永远跟在人家的后面走。

当然，对于建筑创作中民族风格的要求也不宜操之过急，应该给建筑师们一段时间来酝酿和探索这个问题。在这个问题上也应该提倡"双百"方针，要允许大家各抒己见，更要鼓励建筑师们从不同途径来探索新的民族风格。此外，对于民族风格的要求可以"因建筑而制宜"，对于一些重要的公共建筑和纪念性建筑应该要求从严，对于一般建筑则不妨放宽要求；但是应该有一个最起码的要求，那就是所有建筑都不应该盲目地模仿或搬用外国的形式。

有的同志害怕一谈民族风格，各种大屋顶、小屋顶就会一拥而上，复古主义就会卷土重来。这种顾虑倒也不是全无根据的。不过我以为我们没有必要在建筑创作中把民族化和现代化完全对立起来，而和"古代化"等同起来。在个别情况下，少量的建造一些仿古建筑也是允许的，但是绝大多数的新建筑则应该既有民族风格，又能反映时代气息。在继承传统的基础上有所创新应该始终是我们建筑创作中的一个努力方向！

新旧建筑，可以"和平共处"

当然，新建的房屋必须和邻近的旧建筑相协调。我是从来主张新旧建筑"和平共处"的，不过这种"共处"只能在"和平"的环境下来实现。也就是新建筑必须尊重旧建筑的存在，因而在体量、高度、尺度和色彩等方面要设法和旧建筑相协调，而在风格方面倒不一定要太受旧建筑的制约，否则新建筑就会缺乏应有的时代感，整个建筑群也可能反而会显得单调和平淡。总之，新建筑一方面应该有"新貌"，但是另一方面必须尊重周围环境，重视整体的美。那种"唯我独尊，旁若无人"的作风则无论反映在做人方面还是做设计方面都是不可取的。

不要把"维护故都风貌"和
"现代化建设"对立起来

有的同志把"维护故都风貌"片面地理解为要

把北京的现状原封不动地保存起来，不进行现代化建设，也不要改建和发展，因此认为它是一种"守成复旧"的行为。这可能是一种误解，因为没有必要把维护故都风貌和现代化城市建设完全对立起来，从而认为要维护风貌，就不可能进行建设，要进行建设，就顾不了古都风貌，其实并非如此。现代化城市建设的一个主要内容是城市基础设施，然而上下水道、电线电缆、煤气热力等设施都在地下，地面上看不见，因此它们并不影响城市风貌。会影响市容的主要是地上建筑，不过只要我们根据城市总体规划和详细规划的要求，按照建筑高度控制方案的规定，注意新旧建筑之间的协调等进行建设，就可以避免破坏故都风貌。处理得宜的话，还可以丰富北京的风貌。相反的，要是没有总体规划，到处"见缝插针"，滥建高楼，又全不考虑建筑风格，一味求洋、求新奇、求时髦，那么像这样的现代化建设就不可能不破坏北京的风貌，总之，城市改建是必要的，城市发展也是必然的，问题的关键是如何改建，怎样发展。因此我们有必要通过这次讨论，首先统一认识，然后共同努力来把北京城的改建引导到一个正确的发展方向，而决不能放之任之，最后把北京发展成为另一个香港或新加坡，才算把北京的"旧貌换了新颜"！那时候就悔之已晚了。

不应该"破罐破摔"，
更不应该"妄自菲薄"

现在有些同志认为，反正北京原有的风貌已经破坏得差不多了。因此不如放手进行现代化建设，而根本不必考虑故都风貌了。这是一种消极的、不负责任的态度，也就是一种"破罐破摔"思想。我认为现在北京的风貌的确是很叫人失望的，但是还没有到令人"绝望"的地步。现在开始"亡羊补牢"，至少"尚未太晚"，因为北京的旧城改建正在开始。今后还有大量的新建筑要盖，假如我们有一个正确的指导思想和一套有效的控制措施，那么这未来的大量的新建筑就可以避免重复过去的错误。总之，我以为对待故都风貌的正确态度应该是"以往要究，来者可追"。"要究"就是要认真总结过去的痛苦教训。"可追"就是要坚决避免重复过去的错误，绝对不能再继续破坏北京的故都风貌。

此外，过去有些同志片面地把北京市看作封建王朝的象征，因此错误地把它也当作了革命的对象，我想北京城墙和城楼也就是在这种思想作祟的情况下惨遭拆毁的。现在又有些同志认为一切都是洋的好，新的好，对于自己祖国的文化传统都有些不屑一顾。这种思想在城市建设和建筑创作中也有反映，北京的一些大洋楼和大高楼多半就是这种思想的产品，有这两类思想的同志的出发点虽然不同，但是他们异途同归，"妄自菲薄"，不懂得尊重和爱护自己祖国的文化和传统。

因此，我建议：我们不仅要重新认识北京城，而且要重新认识我们伟大祖国的文化和传统，以提高我们的文化水平，加强我们的民族自尊心，加深认识维护北京的故都风貌的必要性！

我们最终的目的是发扬光大
中华传统文化

　　世界上各个历史文化名城都比较集中地反映了它们过去的灿烂的物质文明和高度的精神文明，简单地说，它们代表了它们各自的文化。

　　北京城和它大量的古建筑最具体地说明了我们的祖先早在几百年前在城市规划和建筑设计方面已有很高的造诣，同时也说明了我们祖国的文化很早以前已经达到了很高的水平。国内外人士至今交口赞誉，这绝不是偶然的。今天我们的祖国正在走上振兴的道路。我们这一代人，尤其我们城市建设工作者们应该有决心，也有信心，本着"来者可追"的原则，通过不懈的努力，维护好北京的古都风貌，创造出建筑中新的民族风格，从而发扬光大中华文化，以期无愧于我们的祖先，同时也不负全国人民和全世界人民对我们的期望！

（原载1978年《建筑学报》）

旧瓶不妨装新酒

"旧瓶装新酒"这个词儿可能含有些贬义，可是现在国外盛行一种"旧瓶装新酒"的建设方式。我以为在国内，特别是在一些历史文化名城中，颇有值得借鉴之处。

最近二十多年来，在一些发达国家的城乡建设中，除了大事修缮古建筑之外，还十分盛行把一些古建筑或旧建筑巧妙地加以利用，使其获得新的生命，发挥新的作用。这种做法可以叫作"旧瓶装新酒"，它的好处是既可以保护古建筑，有利于保持城市的原来风貌；同时还可以节约基本建设投资，因而更符合"勤俭建国"的方针。一举两得，值得提倡！

　　北京是举世闻名的历史文化名城，拥有大量的古建筑，它们都是很珍贵的"旧瓶"。为了维护北京的古都风貌，首先必须保护这些古建筑。不过仅仅保护是不够的，还应当把它们恰当地加以利用，也就是在这些"旧瓶"中装上"新酒"。只有如此，才能充分发挥北京作为一个历史文化名城在精神文明建设中的特有优势。

　　《中共中央关于社会主义精神文明建设指导方针的决议》中曾经提出，要发展图书馆、博物馆等文化建设。这是十分正确的。可是我国目前此类建筑（尤其是博物馆）的数量很少，远远不能满足广大群众的需要。拿北京一地来说，仅有二十几个博物馆，这个数字和北京的地位是极不相称的。因此，增加一些各种类型的博物馆，便为当务之急。不过新建博物馆并不一定都要盖新房子，有的就可以采用"旧瓶装新酒"的办法。有些古建筑本身就是文物价值极高的大型展品，所以这样做还可以相应提高这些博物馆的文化效益。例如，先农坛的太岁殿就可以用来做建筑博物馆（先农坛内有许多明清两代不同形式的古建筑，它本身在一定程度上就反映了明清时期中国建筑的发展历史）。又如钟楼、鼓楼，过去就是报时用的建筑，假如把它们用来作为古代计时器博物馆，当然也是顺理成章、十分恰当的。实际上，为了建立某些博物馆或纪念馆而特地建造新房子，不但投资太大，其效果也并不一定理想。绍兴的鲁迅纪念馆和广州农民运动讲习所纪念馆就是这方面较为突出的例子。这两座纪念馆都是体量和尺度很大的建筑物，它们不仅使鲁迅故居和讲习所原址的建筑相形见绌，而且完全破坏了这两处重点文物保护单位原有的环境和风貌。可见，"旧瓶装新酒"的建筑方式使用恰当的话，并不是因陋就简的权宜之计，而是一举两得的明智选择。

会馆建筑是我国特有的一种建筑类型，它既是招待所，又是俱乐部，所以许多会馆里都有一个剧场和舞台，作为演戏之用。这些舞台建筑得十分精美，平面布置上也不同于现代化的镜框式舞台。它们三面临向观众，使演员们置身于观众之间，这与国外最新的一些剧场建筑设计理论可谓不谋而合。所以，把这些会馆建筑用来作为戏剧博物馆，特别是把其中剧场部分作为演出各种传统戏剧曲艺之用，真是再理想没有了。现在，苏州和天津已经采用"旧瓶装新酒"的办法，先后建立了戏剧博物馆（前者利用一所"全晋会馆"，后者利用的是一所"广东会馆"），取得了很好的效果，博得观众一致的赞美。

北京早在清代就是我国的戏剧中心，同时又是京剧的发祥地，在北京还保存了大量有关戏剧的资料和文物。因此，在北京建立戏剧博物馆（院）的条件较苏州和天津更好。此外，北京现在保存下来的带有剧场和戏台的会馆至少还有两处，一处是虎坊桥路的湖广会馆；另一处是前门外小蒋家胡同内的阳平会馆。可是前者被一家制本厂用作车间；后者被一家药材公司当了仓库。两处建筑本身都已破旧不堪，如此"利用"古建筑实在太不文明了。

现在，戏剧界人士也一再呼吁，希望利用这些会馆建立戏剧博物馆。这是一个非常好的建议，因为这样做既可保全重点文物，同时又可以填补北京博物馆建设中的一个缺项，有利于加强精神文明建设，我们应该群策群力促其实现。

全国各地的"旧瓶"不少，特别是北京等历史文化名城的"旧瓶"更多，待装的"新酒"也不少。让我们分别轻重缓急，把这些"旧瓶"一个个装上"新酒"，满足人们日益增长的对文化生活的要求！

（原载1987年3月11日《科技日报》）

不要画蛇添足

（一）

近几年来，北京市在保护古建筑方面取得了很大的成绩。不仅故宫、天坛和颐和园等重点文物古迹，而且分散在市内外的许多古建筑也都得到了应有的维修，这是好事。不过在这大好事中也存在一些美中不足之处。说是"美中不足"，可能不够确切，因为问题不是做得不够，而是做得过分，结果反而弄巧成拙。更确切地说，就是"画蛇添足"。

"蛇足"之一是表现在许多新修的古建筑外部所装的灯具上。这些灯具多数是镀克罗米金属灯架和乳白玻璃灯罩所组成的玉兰花灯，它们在朱红的柱子上闪闪发光，十分招眼；而且到处可见，几乎泛滥成灾。装灯大概一是为了照明，二是为了美观。其实假如单纯为了照明的话，那么完全可以利用中国建筑一般都有挑檐的特点，把灯具隐藏在檐下，这样就不会影响建筑的立面。看来更主要的还是企图利用这些灯具来装饰古建筑。但令人遗憾的是，实际上这些灯具并没为古建筑增加光彩，相反的，却破坏了这些古建筑的原来面貌。"锦上添花"竟变成了"画蛇添足"！

可能有人会怀疑，小小几盏灯又何至于对古建筑起这么大的破坏作用呢？那么让我打个比喻来答复这个问题。眼镜和手表不是更小的东西吗？但是请你设想一下，在一张古装人物画里，书生的脸上戴着眼镜，佳人的手腕上戴着手表，你看了会有什么感想呢？我想你一定感到非常荒谬可笑。

前任法国驻华大使沙耶先生的夫人是一个中国文物和艺术的爱好者。她就曾把一些在古建筑上装灯和古建筑前胡乱种树等情景拍了照片寄给我们，提请我们的注意。我认为她这样做绝不是爱管闲事，也不是吹毛求疵，而是完全出于她热爱中国文物的一番好意。

北京不仅是在中国位居第一的历史文化名城，同时也是世界上数一数二的历史文化名城。整个北京旧城和它城内外的文物古迹，充分说明我们的祖先具有极高的文化水平。我衷心希望在北京现代化建设中，特别在保护古建筑工作中，也要反映同样高度的文化水平！

（原载1984年3月22日《北京晚报》）

（二）

近几年来，北京市的绿化工作有了很大的成绩，市内外绿化面积不断增加，特别是从天安门向西走，一路上绿草如茵，花木成群，令人赏心悦目。这些花木绿地不仅美化了市容，而且也为市民创造了优美卫生的生活环境，这与旧北京遍地泥土、绿地极少的情况形成了鲜明的对比。可是在这件大好事中，也有画蛇添足之处，那就是在绿地四周弄上了那些栏杆，它们多数都太高，而且图案繁琐，色彩庸俗，效果不好。不要小看这些矮栏杆，它们遍地皆是，到处可见，搞得不好是会影响市容的。安装这些栏杆的目的无非是为了保护花木和草皮，实际上这仅是一个权宜之计。因为假如我们市民的觉悟都很高，都能自觉地爱护绿地，那么这些栏杆就根本不必要了。国外许多城市的绿化面积远比我们多，然而围上栏杆的却极少见。人们要欣赏的是花木绿地，而不是栏杆，因此不必让栏杆与花木去竞美，更何况有些栏杆往往又并不美呢！目前外地在栏杆上大做文章之风方兴未艾，这可能起源于北京。我最近刚从昆明和大理归来，那里绿地四周的栏杆多数是混凝土预制构件组成，尺度偏大，图案复杂，样式笨重，又油漆得五颜六色，既不美观，又费钱费工。因此，我建议对绿地周围的栏杆，能不搞就不搞，即使要搞，也应该矮一些，图案简单一些，颜色尽可能用绿色，总之，越不招眼越好！

此外，近年来在公共厕所的建筑中也存在着"画蛇添足"的问题，公共厕所当然是需要的，但是只要做到内部清洁卫生，外部朴素大方，标志明显，容易识别，也就够了。可是现在北京和外地的有些公共厕所却搞得富丽堂皇，用了大量的漏窗，大片的水涮石墙面，甚至檐口还要贴上琉璃，这样做就有些过分了。由于它的内容所决定，厕所是不宜于太招摇的。在国外，连厕所这个名称也尽量回避，一般都用"先生"和"女士"的标志来代替"男厕"和"女厕"。厕所的位置要容易找，但也不宜放在太显眼的地方，因此完全没有必要过分美化厕所和炫耀厕所，否则很可能弄巧成拙，成了真正的"臭美"！

我们国家现在还很穷，需要"雪中送炭"的地方很多，因此"锦上添花"的事不是当务之急；而

"画蛇添足"，弄巧成拙之事，就更不应该做了。

（原载1984年3月24日《北京晚报》）

（三）

近几年北京城市建设突飞猛进，有目共睹，其中更引人注目的可能是正在建设中的琉璃厂一条街。它说明了北京在进行现代化建设的同时，还在努力保持自己的原有风貌和地方特色。

中央和市里有关领导十分重视和关怀这项工程，曾多次组织建筑美术等方面的专家学者来共同讨论如何建设好这条文化街。一次会上，与会者提出了许多很中肯的意见，其中一条是：由于琉璃厂是从明末清初逐步形成的，所以建议建筑形式按照清代北京一般商店的形式为宜。这里大部分是书铺、笔墨纸砚店和古玩店等，因此不宜采用大药铺或绸缎铺的门面。尺度要小一些，层数也以一二层为宜。风格不要华丽，要雅致。要有"书卷气"，不要"一览无遗"。因此还要注意室内的陈设和家具。

经过有关规划、设计、施工和古建专业人员等的共同努力，这条街终于快要建成了。可是美中不足的是它并没有完全满足专家学者们对它的要求。原来"琉璃厂"的铺面和它周围的民居一样，都是比较朴素的传统建筑，因此彩画是很少见的。而现在的新建筑却使用了很多彩画，甚至连过去只用于宫苑建筑中的十分华丽花哨的苏式彩画也都用上去了。据"琉璃厂"的老人说，过去"琉璃厂"建筑的柱子都用墨绿色，而不用朱红色。这不仅是为了素雅一些，而且还是为了"防火"。因为过去封建迷信，把红色象征火，所以连皇家图书馆如文渊阁、文津阁等也只用墨绿色而不用朱红色的柱子，而现在"琉璃厂"的铺面上都不少见红柱子。这样一来，华丽则有余，而雅致却不足了。在西北路南的平房铺面外面还罩了一组中天牌楼，更使它像整修一新的大栅栏，而不像文化街。

美本来是多种多样的，"富丽堂皇"是美，"朴素淡雅"同样也是美。京戏的角色不但有生、旦、净、丑之分，而且同一旦角还分为青衣、花旦、彩旦和武旦等。例如《平贵回窑》的王宝钏就是青衣行当，要是把她打扮成了珠翠满头、绫罗遍体的花旦，那就不伦不类了。

古建筑的维修或重建，应该力求忠实或接近原来的形式和风格，而切忌任意增减，否则很可能又成为画蛇添足！

（原载1985年2月16日《北京晚报》）

一点也不走样

——修复文物建筑的一个基本原则

（一）

　　近年来，全国各地，修缮一新的古建筑到处可见，这当然首先是一个可喜的现象。不过其中往往也存在一些美中不足之处，主要是有些古建筑经过修缮已不是原貌，有的甚至于把真古建搞成了假古董！我以为造成这些不应有的遗憾的主要原因是许多同志把维护文物建筑工作看得过于简单了，认为只要有钱，找个古建队把古建筑修得不塌、不漏、焕然一新就万事大吉了，而较少有人知道维修文物建筑是一项内容相当复杂的专门学问。其中既有工程、技术问题，又有历史、艺术问题，同时还有些

理论和原则问题。因此在国外，古建筑维修已是和
建筑设计及都市规划相提并重的一个专业。在瑞
士，只有持有古建筑维修专业文凭的人才有资格负
责文物建筑的维修工程。

1931年，世界各国从事文物建筑工作的建筑师
和其他有关专家曾在希腊雅典集会，并发表了《雅
典宪章》，第一次明确了关于保护和修复文物建筑
的一些基本原则。1964年在意大利威尼斯第二次集
会，把《雅典宪章》又发展成了《威尼斯宪章》，这
个宪章的一些规定就成了保护和修复文物建筑的国
际公认的准则。

《威尼斯宪章》开宗明义就说："世世代代人民
的历史文物建筑饱含着过去岁月传下来的信息，是
人民千百年传统的活的见证，我们必须一点不走样
地把它们的全部信息传下去。"这里请特别注意最后
一句话里的"一点不走样地"这几个字，因为我们
维修文物建筑中发生的毛病都是出在没有做到"一
点不走样"，而是或多或少地走了一些样。前面说过

文物建筑是过去岁月给我们传下来的信息，因而走了样的文物建筑就变成了错误的信息，将来以讹传讹，就会歪曲历史，贻误后代。所以，陈毅同志早在1960年主持当时国务院会议讨论《文物管理暂行条例》和第一批全国重点文物名单时就曾说过："修古建筑一定要保持原状，不要对文物进行'社会主义改造'"。陈毅同志的真知灼见值得钦佩。遗憾的是迄今为止，有心无意对古建筑进行"社会主义改造"的依然不乏其人。

（原载1988年7月28日《北京晚报》）

（二）

油漆彩画是中国传统建筑的一大特色，不过其缺点是彩画特别是室外的不能永远不变色，因此每隔若干年必须重新油漆一次。重新油漆之后的古建筑就会显得焕然一新，所以"整旧如新"并不是一定不对。可是彩画的图案和色彩，按照中国传统建筑的法则，却必须严格根据建筑物的性质和等级而制定，因此不是可以任意变动的。令人着急的是近年来许多古建筑的油漆彩画经过维修之后却都"走了样儿"，连天安门城楼的彩画竟也未能幸免。

天安门城楼上的外檐原先是用的"草龙和玺"彩画，后来在1959年一次大修中把龙的图案给取消了，当时的理由是"龙是皇帝的象征，在社会主义的中国不宜再出现。"现在看来，这就是对古建筑进行"社会主义改造"的一个典型的例子。最近一次天安门城楼的维修又在它的彩画中恢复了龙的图案，这原是好事，可是却又做过了头，使用了大量的真金把"草龙和玺"改成了"金龙和玺"彩画，结果使天安门城楼彩画的规格等同于太和殿。我记得"百家言"中有过一篇文章专谈这个问题，作者并且说"我认为这是一个划时代的重大事件。它标志着中华民族的象征——龙，与新中国的象征——天安门的结合。这种结合，向全世界宣告……东方巨龙又以其巨大的生命力高翔腾跃于世界的东方，奋力拼搏了。"我却认为：把天安门城楼的彩画从"草龙和玺"提高到"金龙和玺"完全是不必要的，甚至是错误的。这是因为天安门城楼，尽管它在近代历史上和北京城的规划上的位置都非常重要，但毕竟只是一种门阙建筑，而不是宫殿建筑。在整个故宫的建筑群中，其主体建筑首先应该是太和殿。因此在彩画规格方面，太和殿和天安门必须有主次之分，方能符合中国传统建筑的法式，方能反映历史的真实性。否则就违反了维修文物建筑的一条最基本的原则！

当然，我完全同意我们作为炎黄子孙——龙的传人，应该发奋图强，以期我国这条东方巨龙能够高翔腾跃于全世界。不过这主要依靠我们全体人民的共同努力，而不一定需要作任何形式的宣告，何况人仅仅在天安门城楼的彩画上作文章，把"草龙"改为"金龙"也起不了宣告的作用。

（原载1988年7月30日《北京晚报》）

"修我长城"要重视文物
保护的原则

1984年发起的"爱我中华，修我长城"的活动受到了中外人士的热烈拥护和大力支持。但在如何修复长城的问题上有不同的看法。最近，虞献南同志在《光明日报》上发表他对八达岭一段长城的观感，他说："我觉得，历史和大自然的情趣应该成为古长城游览区的生机和魅力所在，古长城的残垣断壁是历史岁月变迁及大自然造物所形成，而不是人工斧凿所能造成的，所以只要它不危及游人的安全，稍事整修即可，大可不必耗费有限的资金去翻修一新，把一个真古董变成假古董。"我基本上同意这种看法，并愿意为它稍作补充。

维修古建筑大致可分3种情况：第一种情况就是

完全保持其原状，不加任何增减，只是采取一些必要措施以保证安全和不再受损坏。这是保护古建筑的上策。第二种情况是原来的古建筑已受到不同程度的损坏，如今把它修补完整。为了便于观赏和游览，这样做是允许的，有时甚至是必要的。第三种情况是原来的古建筑已不复存在，如今根据文献，使之恢复原状。有时这样做也可以，它也有一定的观赏和学术价值。不过，必须指出，一件复制品，也就是假古董的文物价值是不能和真古董相提并论的。

在"修我长城"的工作中，上述3种情况都存在，而第二种和第三种情况可能更多一些。第三种情况我以为比较简单，复制品就是复制品，只求忠于当时的原貌就行了，唯独第二种情况是新旧掺杂，究竟应该如何处理，就是一个问题了。

关于如何保护和修复文物建筑是有国际公认的准则的。1964年世界各国的建筑师和其他有关专家曾在威尼斯开会，讨论保护文物建筑和历史地区的问题，并通过了一个决议，也就是所谓《威尼斯宪章》。《威尼斯宪章》在修复问题上是这样规定的："修复是一件高度专业化的技术，它的目的是完全保护和再现文物建筑的美和历史价值，它必须尊重原始资料和确凿的文献，它不能有丝毫的臆测。任何一点不可避免的增添部分必须跟原来的建筑外观明显地区别开来，并且要看得出是当代的东西。"《威尼斯宪章》又强调："补足缺乏的部分，必须保持整体的和谐一致。但在同时，又必须使补足的部分跟原有部分明显地区别，防止补足部分使原有的艺术和历史见证失去真实性。"

我曾在罗马看到许多残存的古建筑，其修补的部分都是用红色小砖砌成的，而原来的建筑则是石头砌的。看来其目的就是要使新旧部分有别，不相混淆。其实这个道理，文物专家都懂得，例如陶瓷专家在把一些古代陶器碎片粘合成器时，其修补部分的色彩必与原来碎片的色彩有明显的不同，决不会把它们搞成天衣无缝，浑然一体。令人遗憾的是，我们在修复文物建筑时却往往忽视了这一基本原则。

看来，把长城修得焕然一新，效果固然有问题，而把80年代修建的新长城和至少有几百年历史的古长城修得浑然一体，真假难分，也不完全对。总之，在"修我长城"的问题上，我希望不仅要重视数量，更要重视质量；在质量方面，不仅要重视工程技术问题，更要重视历史和艺术问题。因此，一定要根据国际公认的准则，结合各地各段长城的具体情况，经过各方面有关专家的认真论证，然后制定出修复规划方案。

（原载1988年8月21日《光明日报》）

不宜小题大做
——对某些风景区内新建筑的观感

　　最近有机会游历了杭州附近桐庐县的"瑶琳仙境"（一个古老的溶洞，1979年重新被发现，1982年开始对外开放），北京附近怀柔县的慕田峪的长城（怀柔县境内的一段长城，1982年被评定有旅游价值，现正在大规模修缮中）以及山西大同的云冈石窟。从而进一步看到了祖国大好河山的瑰丽多姿和文化遗产的丰富多彩。欢欣之余，更感到做一个中国人的光荣和自傲。可是在此同时也看到一个问题，而且我估计在国内其他风景地区可能也有类似情形，因此似乎值得注意。

　　"瑶琳仙境"的附近已经建成了一所颇具规模的餐厅，现在又计划在洞口建造一组规模更大的供游客等候休息的用房。"慕田峪"长城附近的一座大型餐厅已经基本完成。在云冈石窟的山脚上则已建成一组卷篷式的中国传统建筑，据说是供来石窟访问的学者在此研究和住宿用的。而这类性质的用房是否有必要盖在石窟的紧邻亦尚待考，因为云冈离大同相当近，坐汽车去也不过半个多小时的旅程。

以上三处的这些建筑从实物或方案图纸来看，设计上都是下过一番功夫的。它们的用途不同，可是却有一个共同的特点，就是规模偏大，有的面积有二三千平方米之多，而且楼、台、亭、阁几乎应有尽有，洋洋大观的一片建筑，结果本身形成了一景，这样做是否恰当？值得商讨。

当然在一些风景名胜地区，为了方便，建造一些餐厅、休息厅、厕所等服务性建筑，实际上也是有此需要的，不过从保护风景区的整体环境着眼，这些建筑的规模和尺度就宜小不宜大，形式宜朴素不宜华丽，位置宜隐蔽，而不宜太引人注目，否则就很可能与名胜古迹互相竞争，甚至喧宾夺主，从而破坏了整个风景区的面貌。例如云冈石窟前新建的招待用房就是一组规模较大的建筑群，其中一座会议厅的体形尤为高大，不仅浪费了室内空间，而且也妨碍了人们从远处欣赏石窟的全貌。北京也有过这样一次教训。三四年前在十三陵神道的一旁，一度曾动工建造一座可供一千人同时用餐，并带有招待所的大型餐厅，主体结构已经基本完成了。后来由于一些专家学者纷纷反对，这个工程终于下马了。否则，十三陵现在可能已经成为"十四陵"了。

当然把这些风景区的服务性建筑规模搞得大一些，标准定得高一些，其动机也是为好，尤其把内部设备搞得完善一些、现代化一些也是必要的，但是也应该认识到人们来到"瑶琳仙境"，就是为了欣赏它的地下洞天，来到"慕田峪"就是为了瞻仰长城的雄姿，来到云冈就是为了欣赏那丰富精美的石窟雕刻，而绝不是为了贪图享用一些豪华的餐厅、茶室、休息厅和厕所等。因此，这些建筑能够满足旅客的正常要求也就行了，而没有必要在这些附属建筑上大做文章，小题大做。

此外，这些工程的投资少则百万，多则数百万，相当可观。而当前我们国家还比较穷，所以处处还是应该少花钱，多办事，而不可铺张浪费。即使某一文物保护单位经济比较富裕，钱也应该首先花在古迹和古建筑的本身。例如"瑶琳仙境"的确是我所见到过的许多溶洞中最为壮观的一个，可是洞内照明效果却不够理想，不能充分烘托洞内变化多端的景观，因此就不如在洞内照明的设计和设施方面多下些本钱。

此外，还有两个有关溶洞的问题附带在这里提一提：其一，国内所有溶洞内都采用五彩灯光照明，当然用些彩色照明亦无不可，不过色彩用得太多了，形成到处五彩缤纷，效果就不免流于庸俗了。其二，许多溶洞内的景象往往千姿百态，其中有些碰巧看来很像神话或传说中的一些人物形象和动作，如加以指明，是有助于提高游客兴趣的，但是假如导游员介绍时把洞中的每一块石头都说成像什么什么，那就不免太牵强附会了。

　　总之，许多事情都应该做得恰如其分，方能恰到好处，否则很容易弄巧成拙，又成了画蛇添足！

　　　　　　　　　　（原载1985年9月15日《经济日报》）

谈谈天安门

北京是我国的政治中心和文化中心，天安门又是北京的中心。天安门既是举世闻名的天安门广场空间秩序的顶点，同时又是联合国教科文组织批准的世界文化遗产之一——故宫的开端。而且天安门还有光荣的革命历史。因此天安门是全国人民和全世界人民所向往的地方，它的状况举世瞩目，人人关注。

上海有一位建筑界的前辈——陈植总建筑师。他就十分关心天安门的状况。他对于现在的天安门城楼两侧的钢架霓虹灯标语牌意见很大。出于一个建筑师的责任感，他曾多次向有关方面建议拆除这两座灯架，不过至今尚无下文。

我是完全同意陈老的建议的，因为霓虹灯广告牌在国外一般都用在商业地区或娱乐场所。例如日本东京的"银座"、美国的拉斯维加斯赌城等地区。入晚就到处都是五光十色的霓虹灯广告牌，它们是用来吸引游客的。若在一些文物建筑或政府大楼的周围，例如美国的白宫和国会大厦、法国的罗浮宫和英国的白金汉宫等处，那是绝对看不到霓虹灯的。因而霓虹灯标语牌放在天安门城楼的两侧似乎不大合适。它们不仅有损于天安门城楼作为文物建筑的风貌，而且也破坏了天安门广场应有的庄严气氛，因为天安门广场完全不同于纽约的泰晤士广场啊！我知道这两座标语牌是在国庆三十周年时建立的，是用来增加节日气氛的，而如今却成了天安门城楼的永久性附属建筑了。

今天广大群众对于保护文物之重要意义的认识在日益加深。而且《中华人民共和国文物保护法》的第十五条内就有这样的规定："……全国重点文物保护单位……都必须严格遵守不改变文物原状的原则，……不得损毁、改建、添建或拆除……"因此是否有必要严格按照国家的文物法办事，恢复天安门建筑的原状可能是一个值得商讨的问题。我希望这个讨论至少不会引出这样的论断：没有世界人民大团结万岁的标语牌就等于不要全世界人民大团结！

当然，我不反对标语和口号本身，如果不加滥用的话。例如"爱我中华，修我长城"就是一个很成功的口号，仅仅用了八个字来号召全国人民热爱自己的祖国，爱护祖国的文物建筑，已经获得了各方面的积极响应。不过迄今为止，却还没有看到长城上树起"爱我中华，修我长城"的标语牌呢！

（原载1988年12月20日《北京晚报》）

谈谈天安门广场的照明

　　最近在报上看到一条报道，说南京长江大桥将一改过去彩灯装点的老面孔，使用国际先进的泛光灯使它更为雄伟壮丽。这使我不禁想到了天安门广场。

　　像过去的南京长江大桥一样，天安门广场周围的建筑从来在节日夜晚也是用彩色电灯装饰点缀的。不过这种彩灯照明的办法只能勾画出建筑物的轮廓。在国外，现在只有一些娱乐场所采用彩灯，以创造一种热闹快乐的气氛。而在一些重要的公共建筑或文物古迹上则从不装设彩灯。世界闻名的一些建筑物，如巴黎的埃菲尔铁塔、华盛顿的国会大厦以及悉尼的大桥和歌剧院等都是采用泛光灯来照明的。

　　泛光灯并不是什么新事物，它问世至少有好几十年了。它的英文原意是泛滥成片的大水，在这里是用来形容成片的强烈灯光。泛光灯照明的办法就是把成组的投光灯，隐藏在一幢建筑物的四周，以组成一片强烈的光线来从下而上地照明一幢建筑物的各个立面，使它在黑夜的天空下，显得更为突出，更富于立体感，更为宏伟壮丽。

　　在天安门广场这样一个举世瞩目的地方，在新中国成立四十周年即将来临之前，如何使广场的夜间照明稍稍现代化一些，是一个值得考虑的问题！

　　1959年，我在"中国革命历史博物馆"工程中就曾设计过泛光灯照明的设施。当时是利用建筑物四周平台的矮墙，把泛光灯隐藏在它们的背后，以求做到只见灯光，而不见光源。而且还曾在晚上试了一次，效果很好，可是不知何故后来未曾使用。

　　总之，在天安门周围现有的彩灯照明，不仅不够现代化，而且也不够庄严，与天安门广场的身份不大相称。我想，南京长江大桥能够做得到的，北

京的天安门广场也应该能够做到，因此我衷心希望
在今年隆重庆祝新中国成立四十周年的节日良宵，
天安门广场上将不再看到那些彩灯和霓虹灯，天安
门广场将以现代化的、更美丽、更壮观的新面貌出
现在广大群众眼前！

（原载1989年1月12日《北京晚报》）

正确对待古建筑

　　一个国家，首先应该知道什么是自己的长处，什么是自己的短处，这样才能扬长避短，较快地走上富强之道路。我以为我国的一个突出的短处就是穷；我还以为我国的一个突出的长处就是"富"。"富"是就文化遗产而言。这方面我国在全世界是个"巨富"，可能还是个"首富"。为此我们每一个中国人应该为此感到自傲，同时也有责任把我们的祖先留下的这份丰富多彩的文化遗产妥为保护，并加以发扬光大。

　　从许多情况看，我国非常丰富的文化遗产至今也没有得到应有的重视，有些同志过分强调保护文化遗产和进行现代化建设之间的矛盾，认为"不破不立"，因而在进行现代化建设中不必要地破坏了不少文物古迹。其实现代化建设和文物古迹之间的矛盾，绝大多数是可以统一的。例如由于要修建立交桥，北京的德胜门箭楼本来决定要拆毁了，可是后来经过有心人士的一再呼吁，德胜门箭楼终于幸运地成了"虎口余生"，而立交桥也没有因此而未能造成。

另一部分同志则把有些文化遗产仅仅看作是吸收外汇的旅游资源。前几年在巴黎，当地《世界报》记者访问我："你们国家现在开始大事修缮古建筑，是否为了吸引国外旅游者？"我回答说，不是，至少不完全是。我们这样做首先是为了保护我们自己的宝贵文化遗产。吸引游客，创外汇只是"副产品"而已。其实外国记者的发问也是事出有因的。有些地方修缮古建筑并不是由于认识到这些文物古迹的历史、文化和艺术价值，他们更感觉兴趣的是眼前的一些经济效益，因此往往为了吸引外资，"主随客便"，即使破坏了名胜古迹也在所不惜。

　　北京名胜古迹可谓美不胜收，而现在却热衷于新建一些仿古的建筑，这并不是一件坏事，不过却是不急之务。不要忘记现在北京就有许多非常珍贵的古建筑，因为缺乏经费而得不到必要的维修。有钱建造假古董，而无钱保护真古董，岂不怪哉！

　　错误地把文化遗产看作现代化建设的"绊脚石"的，多半是有些城市建设的决策者，片面地把文化遗产看作"摇钱树"的主要是一些旅游事业的领导人。至于广大群众呢，懂得珍惜和爱护祖国的文化遗产的，当然不乏其人，不过也有不少人对于洋的"文明"可能更为向往，对于本国的珍贵文物兴趣不大。所以如何正确地对待古建筑成了当务之急了。

（原载1985年6月6日《北京晚报》）

惜哉！先农坛

在当今西方，人们对方盒子式的现代高楼越来越感到厌倦，于是便兴起了一股修复古建筑的热潮。近一二十年，人们的兴趣又扩大到一般的旧建筑。他们选择一些旧建筑，包括办公楼、住宅、商店、火车站直到工厂和仓库，基本上保持它们外形的原貌，而在内部增加必要的现代化设备，并赋予它们新的内容和新的生命。

这股旧屋改建之风最初开始于美国旧金山的"吉拉台利广场"。这里本来是一些普通的三四层的工厂建筑，可是70年代经过建筑师精心设计之后，改建成了一个包括各种商店、餐馆及电影院等的商业中心。它的地点依山面水，建筑错落有致，并小有庭园之胜，因此深受群众欢迎，成了旧金山的一个名胜。事实证明，像这样的旧房改建不仅带来了较高的经济效益，同时还带来了很好的环境效益和社会效益，因为经过改建的旧建筑与崭新的现代化建筑相比，别有一番风味，不仅可以满足人们思古之情，同时还有利于保持一个城市原有的风貌，使它更为丰富多彩。这种改建，一举多得，难怪后来各地纷纷效仿了。

由此，使我不禁联想到我国有些古建筑，它们的文物价值是国外那些旧工厂、旧仓库所绝对无法比拟的，可它们的运气却远远不如后者！其中一个比较突出的例子就是北京的"先农坛"。它建于明嘉靖年间，距今已有四百多年了。是明清两代皇帝祭"先农神"和"亲耕"的地方，所以那里还保留有皇帝一亩三分地的"样板田"。先农坛原来面积为110多万平方米，分为内坛和外坛，外坛早已不存在了，内坛尚保留着五组古建筑。有些建筑还是国内仅见的珍品。可是先农坛现在却被学校、工厂、机关等几个单位所占用。其中一座"太岁殿"更是极为珍贵的明代建筑，如今却用作存放破烂桌椅的仓库，真成了"金玉其外，败絮其中"了。北京另有两座会馆建筑，一座是湖广会馆，另一座是平阳会馆。它们都带有古戏楼，很有价值。可是前者是由一个工厂所占用，后者是一家药材公司的仓库。

为什么在国外，一些旧工厂、旧仓库竟可以枯木逢春，重得重用；而我们的一些非常珍贵的古建筑竟"怀才不遇"？这是很值得我们深思的。

（原载1985年4月11日《北京晚报》）

惜哉！神乐署

　　改革开放以来，连古建筑也颇受其惠，成了热门货。全国各地大事修缮古建筑，有的城市缺少古建筑，就退而求其次，新建了不少"仿古建筑"，也就是所谓假古董。

　　安徽合肥是一个风景优美的城市，可是"先天不足"，除了一个包公祠和一处徒有其名的"逍遥津"之外，就没有其他的古迹了。于是，该市就不惜工本修建了一个颇为壮观的"包公墓"，地下的墓道尤为富丽堂皇，包公还睡上了金丝楠木棺材。这和我们这位"廉政建设"的先驱者的身份未免很不相称了。

　　与合肥相比，北京可称是"得天独厚"。丰富多彩的古建筑，市内外到处可见，而且如今都得到了较好的保护和利用。当然，"沧海遗珠"，在所难免。而有一颗"遗珠"就在举世闻名的天坛公园之内，却颇出人意料之外。

天坛本身就是我国古建筑中一颗非常灿烂的明珠。1934年我第一次来到北京，北京大量的名胜古迹，看得我眼花缭乱，目迷心醉。有一次我在天坛"祈年殿"前碰到一位外国老太太，她看到我就对我说："我可以在这里看上三天三夜，也看不厌。"当时我忘了问她"这是第几天了？"但是这句话却充分说明了这位旅游者当时对于我国古建筑欢喜赞叹的心情！

其实，天坛一共有四组主要建筑群，"祈年殿"只是其中的一组。其他三组分别为"皇穹宇""斋宫"和"神乐署"。"神乐署"因从未开放，鲜为人知。最近，有幸和市政协部分委员去参观了一次。才知道它就在"斋宫"附近，占地15亩，建筑总面积4200平方米，包括一座正殿和一座后殿和四周一圈回廊。院落十分宽广，建筑非常雄伟。它建造于明永乐十八年（1420年），当初是用来作为皇家祭天乐舞生演习礼乐的场所。因此，可说是一组规模很大，历史很久，用途很特殊的古建筑。令人遗憾的是如今该组古建筑已经十分荒芜，门前夹道都是用作宿舍的破旧平房，到此地不见礼乐之声，但见炊烟四起。与北京各处修缮一新的古建筑相比，给我的印象是"冠盖满京华"，斯"神"独"憔悴"！

据了解，早在1987年各有关方面曾共同协商，拟定了一个周围住户的搬迁方案。可是至今未能落实，以致原有住户原封未动，修缮既无从着手，开放更遥遥无期。我以为"神乐署"之所以长期"怀才不遇"，就是因为它"不幸"而建在北京。这组建筑要是不在北京，而在合肥的话，处境一定大不一样。在那里"物以稀为贵"，"神乐署"必然早已修缮一新，成为当地头一号的名胜古迹了。

我曾写过一篇题目为"惜哉！先农坛"的短文，发表于1985年《北京晚报》的"百家言"上，为当时先农坛内破旧不堪的"太岁殿"一组古建筑鸣冤叫屈。而今它已经成为"中国古代建筑博物馆"了。我衷心希望通过有关方面的继续努力，"神乐署"也能和"太岁殿"一样的时来运转，在北京的两个文明建设中大显身手。

北京作为我国的文化中心，还需要建设大量的各种内容的博物馆和展览馆，以丰富人民的文化生活。但这些博物馆和展览馆就不一定都需要建造新馆舍，而有的就可以利用现有的古建筑。这也就是我长期以来所提倡的"旧瓶装新酒"的办法。在这方面北京已经有可喜的开端，例如大钟寺已改用作为"古钟博物馆"，"太岁殿"改成了"古建筑博物馆"，湖广会馆亦将改用作为"北京戏剧博物馆"。要是把"神乐署"改用作为"古代音乐博物馆"，岂不也是完全顺理成章的吗？

（原载1991年7月7日《北京晚报》）

图书在版编目（CIP）数据

建筑一家言 / 张开济著. -- 北京：中国城市出版
社，2024. 6. --（建筑大家谈 / 杨永生主编）.
ISBN 978-7-5074-3721-8

Ⅰ．TU2

中国国家版本馆 CIP 数据核字第 202402G9L1 号

责任编辑：陈夕涛　徐昌强　李　东
书籍设计：张悟静
责任校对：赵　力

建筑大家谈
杨永生　主编

建筑一家言

张开济　著

*

中国建筑工业出版社、中国城市出版社出版、发行（北京海淀三里河路 9 号
各地新华书店、建筑书店经销
北京锋尚制版有限公司制版
北京中科印刷有限公司印刷
*

开本：787 毫米×1092 毫米　1/32　印张：7⅛　字数：104 千字
2024 年 6 月第一版　　2024 年 6 月第一次印刷
定价：**48.00** 元
ISBN 978-7-5074-3721-8
（905040）